Theoretische Physik

Mechanik

von

Dr.-Ing. Werner Döring

Mit 23 Abbildungen

Vierte, verbesserte Auflage

Sammlung Göschen Band 5076

Walter de Gruyter
Berlin · New York · 1973

Dr.-Ing. Werner Döring
Professor an der Universität Hamburg
I. Institut für theoretische Physik

Folgende Bände in der Sammlung Göschen sind weiterhin lieferbar:

Das elektromagn. Feld (Band 76)
Optik (Band 78)
Thermodynamik (Band 374)
Statistische Mechanik (Band 1017)

Zur Schreibweise der Formeln:

Alle Formelbuchstaben dieses Buches bedeuten physikalische Größen, also Produkte aus Zahlenwert und Einheit, die von der Wahl der Einheit unabhängig sind.

Vektoren sind durch Fettdruck gekennzeichnet.

$\boldsymbol{a} \cdot \boldsymbol{b}$ bedeutet das skalare Produkt der Vektoren $\boldsymbol{a}$ und $\boldsymbol{b}$.

$\boldsymbol{a} \times \boldsymbol{b}$ bedeutet das Vektorprodukt der Vektoren $\boldsymbol{a}$ und $\boldsymbol{b}$.

Eine Ziffer in Klammern verweist auf eine Formel des gleichen Paragraphen. Andere Hinweise auf Formeln enthalten Paragraph- und Formelnummer.

 — Satz: Walter de Gruyter & Co, Berlin 30 — Druck: Mercedes-Druck, Berlin. Printed in Germany

ISBN 3 11 004241x

Inhaltsverzeichnis

Verzeichnis einiger einschlägiger Werke

a) Werke über theoretische Physik

F. Hund: *Theoretische Physik* (3 Bände). 1. Band: *Mechanik*, 5. Aufl. Stuttgart 1962.

S. Flügge: *Lehrbuch der theoretischen Physik* (5 Bände) Bd. I. *Einführung. Elementare Mechanik und Kontinuumsphysik.* Berlin, Göttingen, Heidelberg 1961.

G. Joos: *Lehrbuch der theor. Physik*, 10. Aufl., Leipzig 1959.

L. D. Landau, E. M. Lifschitz: *Lehrbuch der theoretischen Physik.* (9 Bände, Orig. russisch)
Bd. I. *Mechanik.* Deutsche Übersetzung 2. Aufl. Berlin 1963.
Englische Übersetzung Oxford, London, Paris 1960.

W. Macke: *Lehrbuch der theoretischen Physik* (6 Bände): *Mechanik der Teilchen, Systeme und Kontinua.* Leipzig 1962.

M. Planck: *Einführung in die allgemeine Mechanik*, 3. Aufl., Leipzig 1921; *Einführung in die Mechanik deformierbarer Körper*, 2. Aufl., Leipzig 1922 und 4 weitere Bände.

Cl. Schäfer, M. Päsler: *Einführung in die theor. Physik* (3 umfangreiche, z. T. mehrteilige Bände). *I. Mechanik materieller Punkte, Mechanik starrer Körper und Mechanik der Kontinua*, 6. Aufl. Berlin 1962.

A. Sommerfeld: *Vorlesungen über theor. Physik* (6 Bände). Band I. *Mechanik*, 6. Aufl. Leipzig 1962. Band II. *Mechanik der deformierbaren Körper.* 4. Aufl. Leipzig 1957. (Bearbeitet und ergänzt von E. Fues).

W. Weizel: *Lehrbuch der theor. Physik* (2 Bände), Berlin, Göttingen, Heidelberg, 3. Aufl. 1963.

b) Werke über theoretisch-physikalische Mechanik

Encyklopädie der mathematischen Wissenschaften, Bd. IV, Teil 1 bis 4, *Mechanik*, Leipzig 1901 bis 1935.

H. Goldstein: *Klassische Mechanik* (übersetzt aus dem Englischen) Frankfurt a. M. 1963.

G. Hamel: *Theoretische Mechanik* (Grundlehren der mathematischen Wissenschaften, Bd. 57), Berlin, Göttingen, Heidelberg 1949.

Handbuch der Physik, herausgegeben von Geiger und Scheel, Bd. V. *Grundlagen der Mechanik. Mechanik der Punkte und starren Körper*, Berlin 1927.

Handbuch der Physik, herausgegeben von S. Flügge. Bd. III/1: *Prinzipien der klassischen Mechanik und Feldtheorie*. Berlin. Göttingen, Heidelberg 1960.

E. Mach: *Die Mechanik in ihrer Entwicklung*, Leipzig 1904 (historisch-kritische Darstellung).

G. Mie: *Die Grundlagen der Mechanik*, Stuttgart 1950.

Th. Pöschl: *Einführung in die analytische Mechanik*, Karlsruhe 1949.

J. C. Slater, N. H. Frank: *Mechanics*, New York, London 1947.

J. L. Synge, B. A. Griffith: *Principles of Mechanics*, 3. Aufl. New York, Toronto, London, Tokyo 1959.

A. G. Webster: *The dynamics of particles and of rigid, elastic and fluid bodies*, Leipzig 1925.

E. T. Whittaker: *A treatise on the analytical dynamics of particles and rigid bodies*, 4. Aufl. 1937.

c) Einige Werke über angewandte Mechanik

G. Hamel: *Mechanik der Kontinua*. Stuttgart 1956.

R. Grammel: *Der Kreisel, seine Theorie und Anwendungen*, 2 Bde. Berlin, Göttingen, Heidelberg 1950.

F. Klein und A. Sommerfeld: *Über die Theorie des Kreisels*, 4 Bände, Leipzig 1897/1914.

H. Lamb: *Lehrbuch der Hydrodynamik*, Leipzig 1931.

A. E. H. Love: *Lehrbuch der Elastizität*, Leipzig und Berlin 1907.

M. Päsler: *Mechanik deformierbarer Körper*. (Sammlung Göschen, Bd. 1189/1189a), Berlin 1960.

Th. Pöschl: *Lehrbuch der technischen Mechanik*, 2. Aufl. 1930.

L. Prandtl: *Führer durch die Strömungslehre*, 2. Aufl., Braunschweig 1944.

R. Sauer: *Theoretische Einführung in die Gasdynamik*, Berlin, Göttingen, Heidelberg 1951.

I. Kinematik

§ 1. Physikalische Begriffsbildung

Die Aufgabe der Physik besteht darin, die Naturerscheinungen kurz und vollständig zu beschreiben. Die Mechanik speziell befaßt sich mit dieser Aufgabe an den Bewegungen und Kräften. Alle physikalischen Aussagen beruhen auf der Erfahrung. Wenn wir experimentell feststellen, daß eine Erscheinung stets in der gleichen Weise abläuft oder daß gewisse Erscheinungen immer gekoppelt auftreten, so sprechen wir diesen Tatbestand als ein Naturgesetz aus. Wir fügen also — über die Erfahrung hinausgehend — die Annahme hinzu, daß dieser Zusammenhang ausnahmslos gültig sei. Der nächste Schritt der physikalischen Arbeit pflegt darin zu bestehen, unter immer neuen Bedingungen die Richtigkeit dieses Naturgesetzes an der Erfahrung zu prüfen. Es wird sich dann entweder als nur eingeschränkt gültig erweisen oder als ein allgemeines Naturgesetz bewähren, welches einen großen, umfassenden Erfahrungsbereich beschreibt.

Man formuliert die Naturgesetze in der Regel als mathematische Beziehungen zwischen verschiedenen Beobachtungsresultaten. Das Ergebnis einer quantitativen Beobachtung bezeichnet man in der Physik als G r ö ß e.

Die Bedeutung einer Größe kennzeichnet man durch Nennung des zugehörigen physikalischen Begriffes wie Länge, Geschwindigkeit, Volumen, Arbeit, kinetische Energie usw. Diese Worte sind eigentlich nur kurze Bezeichnungen für das Verfahren, wie die betreffende Größe im Prinzip gemessen oder aus gemessenen Größen berechnet wird. Selbstverständlich kann man praktisch jede physikalische Größe auf verschiedene Weise ermitteln. Von diesen Verfahren ist aber immer eines dadurch ausgezeichnet, daß es den Begriff definiert. Alle anderen Meßverfahren benutzen zur Messung die Gültigkeit eines Naturgesetzes, in welchem die betreffende Größe vorkommt, und liefern nur so lange richtige Resultate, als die Gültigkeit dieses Gesetzes sichergestellt ist.

Hinsichtlich der Art ihrer Definition teilt man die physikalischen Begriffe in zwei Gruppen ein: Die Grundbegriffe werden durch Angabe eines Verfahrens zur Messung der betreffenden Größe definiert. Die abgeleiteten Begriffe werden durch Angabe einer Vorschrift definiert, wie man die Größe aus anderen Größen berechnet. Es liegt nicht eindeutig fest, was Grundbegriffe und was abgeleitete Begriffe sind. Wenn z. B. eine Größe a eine eindeutig umkehrbare Funktion einer anderen Größe b ist, $a = f(b)$, so kann man entweder b als Grundbegriff einführen und a durch $f(b)$ definieren oder umgekehrt a als Grundbegriff einführen und b durch die Umkehrfunktion von a. Bei mehreren Grundbegriffen und vielen daraus abgeleiteten Begriffen bestehen dabei viele verschiedene Möglichkeiten. In der Kinematik, der Bewegungslehre, werden in der Regel Länge und Zeit als Grundbegriffe, alle anderen als abgeleitete Begriffe eingeführt.

Auch die Zahl der Grundbegriffe ist in den verschiedenen Darstellungen der Physik nicht gleich. Das liegt, wie sogleich gezeigt werden soll, daran, daß die Angabe eines Meßverfahrens eine Größe grundsätzlich nicht eindeutig festlegt, sondern nur bis auf eine Naturkonstante als Faktor. Unter Verfügung über diesen Faktor kann man einen Grundbegriff durch einen verwandten und gleich benannten abgeleiteten Begriff ersetzen, ohne daß sich an dem Inhalt der mit diesen Größen formulierten physikalischen Aussagen irgend etwas ändert. Lediglich das Aussehen der Formeln und evtl. die Benennung der Größen wird etwas anders. Das soll im folgenden an dem Beispiel des Volumens erläutert werden.

In den meisten Lehrbüchern der theoretischen Physik wird auf die Definition der grundlegenden Begriffe „Länge" und „Zeit" ganz verzichtet, weil sie jedermann verständlich sind. Das ist insofern richtig, als wir ihren begrifflichen Inhalt durch den täglichen Gebrauch weitgehend kennenlernen. Dabei schleichen sich aber leicht Unklarheiten oder falsche Vorstellungen ein. Z. B. war eine der größten gedanklichen Leistungen Einsteins bei der Aufstellung der Relativitätstheorie die Erkenntnis, daß der Begriff „gleichzeitig" bzw. der Begriff

„Zeitdifferenz zwischen zwei Ereignissen an verschiedenen Orten“ bis dahin nicht einwandfrei definiert war und für zwei gegeneinander bewegte Beobachter etwas Verschiedenes bedeutet. Bevor man in einem Teilgebiet der Physik mit der Aufstellung quantitativer Gesetze und der Definition der in ihnen vorkommenden Größen beginnen kann, muß man es schon qualitativ untersucht haben. Bei der Definition des Begriffes Länge können wir uns dementsprechend bereits auf qualitative Kenntnisse stützen wie die, daß es feste, flüssige und gasförmige Körper gibt und daß man mehrere stabförmige feste Körper in eine Ordnung bringen kann derart, daß jeweils der nächste länger ist als der vorige. Wie man das macht, kann im Grunde nur durch Handlungen demonstriert werden, die wir aber alle beim Erlernen des Inhaltes der Worte kürzer und länger kennengelernt haben. Unter den festen Körpern gibt es nun solche, bei denen die Stellung in dieser Ordnungsreihe durch irgendwelche Maßnahmen, wie z. B. Ziehen an den Enden, verändert werden kann. Diejenigen, bei denen das nicht der Fall ist, bezeichnet man als starr. Die genauere physikalische Untersuchung zeigt zwar, daß es keine in aller Strenge starren Körper gibt; aber unter Beachtung gewisser Bedingungen (Temperaturkonstanz, keine erheblichen Beanspruchungen usw.) kann man die meisten festen Körper als starr ansehen. Solch eine Idealisierung ist bei jeder physikalischen Definition unumgänglich. Damit hängt es zusammen, daß keine physikalische Größe mit absoluter Genauigkeit gemessen werden kann, sondern nur so weit, als die wirklichen Körper oder Vorgänge den bei der Definition gemachten Idealisierungen entsprechen. An solchen starren Körpern kann man Geraden markieren, d. h. Gesamtheiten von Punkten dieses Körpers mit der Eigenschaft, daß bei einer Bewegung des Körpers, bei der zwei Punkte der Gesamtheit relativ zu einem anderen Körper in Ruhe bleiben, die anderen Punkte der Gesamtheit auch in Ruhe bleiben.

Nach diesen Vorbereitungen können wir nun den Begriff Länge definieren, genauer die Länge einer Strecke zwischen zwei Punkten auf einer an einem starren Körper markierten Geraden, und zwar durch folgende Festsetzungen:

1. Die Länge einer solchen Strecke bleibt bei einer Verschiebung des Körpers unverändert. 2. Zwei solche Strecken an verschiedenen Körpern haben die gleiche Länge, wenn man die beiden Anfangs- und Endpunkte gleichzeitig zur Deckung bringen kann. 3. Wenn längs einer Geraden p gleich lange Strecken so aneinander anschließen, daß der Endpunkt der einen zugleich Anfangspunkt der nächsten ist, so ist die Länge der Strecke vom Anfangspunkt der ersten bis zum Endpunkt der letzten gleich dem p-fachen der Länge der Einzelstrecke. Damit sind kurz die Voraussetzungen genannt, die man beim Herstellen eines Maßstabes mit gleich langen Teilstrecken und dem Längenmessen mit ihm ständig ausnutzt. Die obigen Teilaxiome genügen, um das Verhältnis der Längen irgendwelcher Strecken zu bestimmen. Wenn man nun alle vorkommenden Längen mit der Länge einer Strecke an ein und demselben Körper in demselben Zustand vergleicht, also mit einer Einheitslänge, so können alle, die diese Einheit kennen, das Meßergebnis reproduzieren. Deshalb muß man zur Vervollständigung des Verfahrens der Längenmessung noch eine Vereinbarung über die Einheit treffen. Alle Kulturnationen benutzen heute als Einheit das Meter, welches ursprünglich als Länge einer an dem Normalmeter in Paris markierten Strecke unter bestimmten Zustandsbedingungen definiert wurde, heute aber aus Gründen der genaueren Reproduzierbarkeit als ein gewisses Vielfaches einer Wellenlänge.

Wenn man nach diesem Verfahren in einem Spezialfall festgestellt hat, daß die Länge L einer Strecke dreimal so groß ist wie die Länge des Meters (m), so schreibt man das Ergebnis $L = 3$ m. Man beachte, daß L keine Zahl ist. Diese Größe kann aber als Produkt aus der Zahl 3 und der Größe 1 m aufgefaßt werden. Allgemein gilt: Physikalische Größen kann man multiplizieren, dividieren, potenzieren und radizieren, wobei die gleichen Rechenregeln wie bei Zahlen gelten. Eine Addition von zwei Größen ist jedoch nur möglich, wenn sie als Vielfaches der gleichen Einheit geschrieben werden können. Also gibt die Summe aus einer Länge $L_1 = 3$ m und einer Länge $L_2 = 5$ m die Länge $L_1 + L_2 = 8$ m. Eine

Summe aus einer Länge $L_1 = 3$ m und dem Quadrat derselben Länge ist unmöglich.

Die obigen Rechenregeln gestatten ohne weiteres das Umrechnen auf andere Einheiten. Nach Definition der Länge 1 Zentimeter (cm) gilt 1 m = 100 cm; also folgt für obiges L auch $L = 3$ m = 300 cm. Die Größe L ändert sich also bei einem Wechsel der Einheit nicht, nur die Aufteilung des Produktes in Zahlenwert und Einheit. Aus diesem Grunde bevorzugt man in neueren Lehrbüchern die hier ausschließlich benutzte Schreibweise, bei welcher jeder Formelbuchstabe die Größe selbst bedeutet, also das Produkt aus Zahlenwert und Einheit. Dann ist nicht nur jede Formel, sondern auch jede in der Formel vorkommende Größe einzeln von der Wahl der Einheiten unabhängig. In älteren Darstellungen bedeuten die Formelbuchstaben zum Unterschied hierzu oft nur die Zahlenwerte der Größen in einer im Text oder im Vorwort angegebenen Einheit.

Den Begriff Volumen kann man nun zunächst als Grundbegriff einführen. Das definierende Meßverfahren kann durch die folgenden drei Sätze festgelegt werden:

1. Das Volumen starrer Körper ist von Ort und Zeit unabhängig. 2. Die Volumina zweier Körper sind gleich, wenn sie beim Eintauchen in eine Flüssigkeit die gleiche Hebung des Flüssigkeitsspiegels bewirken. 3. Das Verhältnis der Volumina zweier Körper ist gleich dem Verhältnis der Strecken, um die sich der Flüssigkeitsspiegel bei ihrem Eintauchen nacheinander in dasselbe zylindrische Meßgerät hebt. Als Einheit benutzt man das Liter (l), welches das Volumen einer Wassermenge mit der Masse 1 kg bei 4° C ist. Dann kann man feststellen, daß das Volumen V eines Quaders proportional dem Produkt aus den Längen a, b und c der drei Kanten ist. Man findet also als Naturgesetz

$$V = \alpha \cdot abc\,. \qquad (1)$$

Die Naturkonstante α hat den Wert $\alpha = 999{,}973\ \mathrm{l/m^3}$.

Die obige Definitionsweise entspricht der Vorstellung, daß das Volumen eine Größe eigener Art ist, die insbesondere nicht gleich dem Produkt dreier Längen ist. α ist dann eine physikalische Größe, keine Zahl.

Die übliche Auffassung ist anders. Bei ihr wird unter dem Volumen die Größe $V' = V/\alpha$ verstanden. Offensichtlich erfüllt diese Größe auch die obigen drei Definitionen, da diese nur das Volumenverhältnis bestimmen. Bei der Bildung des Quotienten der Größen V oder V' zweier Körper fällt die Konstante α heraus. V' ist beim Quader gleich dem Produkt seiner Kantenlängen, hat also die Form: Zahlenwert mal m^3. Da man den Raum, den die Oberfläche eines beliebigen Körpers umschließt, angenähert, aber im Prinzip beliebig genau, aus Quadern zusammensetzen kann, gilt dasselbe für jedes Volumen. Entsprechend wird man bei dieser zweiten Auffassung unter 1 l die Größe $1\,\text{l} = 1{,}000027 \cdot 10^{-3}\,\text{m}^3 = 1000{,}027\,\text{cm}^3$ verstehen. Für einen Quader gilt dann

$$V' = abc\,. \tag{2}$$

Durch diesen Begriffswechsel ist die Konstante α aus diesem Gesetz verschwunden. Aus dem Erfahrungsgesetz (1) ist die Definition (2) geworden. Die Erfahrungstatsache, welche (1) zum Ausdruck brachte, erscheint natürlich in der zweiten Auffassung an anderer Stelle, nämlich in der Aussage, daß beim Eintauchen eines Quaders in eine Flüssigkeit der Anstieg der Oberfläche in einem zylindrischen Gefäß seinem Volumen proportional ist.

Diese elementaren Betrachtungen machen deutlich, daß das Meßverfahren zur Einführung eines Grundbegriffes die betreffende Größe nur bis auf einen universellen Faktor festlegt. Diese Unbestimmtheit kann man ausnutzen, um die Proportionalitätskonstante aus irgendeinem Naturgesetz, in welchem diese Größe vorkommt, fortzuschaffen. Das entspricht einem Ersetzen eines Grundbegriffes durch einen abgeleiteten Begriff. Ob man solch einen Wechsel vornehmen will oder nicht und welches Naturgesetz man dabei benutzen will, ist weitgehend willkürlich. Er bestimmt aber die Gestalt der Gleichungen. Es wäre sehr erfreulich, wenn in den verschiedenen Darstellungen der Physik in dieser Hinsicht einheitlich vorgegangen würde; bisher ist aber keine Einmütigkeit erzielt worden. Der am Beispiel des Volumens geschilderte Wechsel der Begriffe, der in der Regel ohne Änderung des Namens durchgeführt wird, wird in der älteren Literatur oft als ein Wechsel der Einheit oder des Maßsystems bezeichnet, weil er in einer Darstellung, in der die Formelbuchstaben die Zahlenwerte der betreffenden Größen bedeuten, von dem Vorgang eines Wechsels der Einheiten nicht unterschieden werden kann.

Bei allen anderen Grundbegriffen geht man im wesentlichen genau so vor, wie es hier am Beispiel der Länge und des Volumens gezeigt wurde. Erstens werden einige qualitative Eigenschaften des zu definierenden Begriffes festgelegt, zweitens, wann die betrachtete Größe unter verschiedenen Bedingungen als gleich anzusehen ist und drittens, wie man unter Benutzung der ersten beiden Teildefinitionen das Verhältnis zweier Größen der gleichen Art ermittelt. Beim Begriff Zeitdauer wird entsprechend festgelegt, daß sie eine Eigenschaft einer Vorganges sein soll, die bei einem periodischen Vorgang, wie er in jeder Uhr möglichst genau realisiert wird, bei jeder Periode den gleichen Wert hat. Die Zeitdauer eines Vorgangs, dessen Anfang mit dem Beginn der ersten Periode und dessen Ende mit dem Ende der p-ten Periode zusammenfällt, ist p mal so lang wie eine Periode. Die Zeit ist also physikalisch, ebenso wie die Länge, das Resultat eines Meßvorganges mit Maßstäben bzw. starren Körpern oder Uhren bzw. periodischen Vorgängen, nicht wie bei manchen Philosophen etwas Transzendentes oder eine Anschauungsform. Unter Bedingungen, unter denen starre Körper oder periodische Vorgänge nicht existieren, können die physikalischen Begriffe Länge und Zeitdauer nur dann sinnvoll benutzt werden, wenn man irgendwelche Naturgesetze, in denen diese Größen vorkommen, geeignet verallgemeinern kann. Im Bereich der Atomkerne wird dazu z. B. der Zusammenhang zwischen Wellenlänge und Energie der Lichtquanten benutzt, im Kosmos das Gesetz von der geradlinigen Fortpflanzung des Lichtes in Verbindung mit den

Gesetzen der Euklidischen Geometrie. Wenn sich dann irgendwelche Widersprüche im Gedankengebäude der Physik zeigen, muß man die Zulässigkeit solcher Extrapolationen überprüfen.

Die zahlreichen abgeleiteten Begriffe pflegt man zu klassifizieren nach ihrer Größenart. Zwei Größen der gleichen Größenart können als Vielfache der gleichen Einheit geschrieben werden. Ihr Quotient ist eine Zahl. Man beachte aber, daß die Größenart kein Ersatz für die Definition einer Größe ist. Es gibt verschieden definierte Größen derselben Größenart. Jeder Größe, die als Grundbegriff definiert wird, wird eine eigene Größenart zugeschrieben, die durch Potenzprodukte aus anderen Größen nicht gewonnen werden kann. Die Größenart einer Größe kann man schon an der Einheit erkennen. Daher ist es unzweckmäßig, wenn zu viele Größen die gleiche Größenart bekommen. Darin liegt praktisch die Grenze für die Ausschaltung von Grundbegriffen nach dem oben am Volumen erläuterten Verfahren.

§ 2. Die Bewegung auf einer Geraden

Die Bewegung eines Punktes P auf einer Geraden wird beschrieben durch Angabe seiner Entfernung s von einem ruhenden Punkt P_0 der Geraden in Abhängigkeit von der Zeit t:

$$s = s(t)\,. \tag{1}$$

s wird auf der einen Seite von P_0 positiv, auf der anderen negativ gerechnet.

Unter der mittleren Geschwindigkeit von P im Zeitintervall von t_1 bis t_2 versteht man den Quotienten

$$\bar{v} = \frac{s(t_2) - s(t_1)}{t_2 - t_1}\,. \tag{2}$$

Die Geschwindigkeit im Zeitpunkt t_1 ist der Grenzwert dieses Quotienten im Limes $t_2 \longrightarrow t_1$, also der Differentialquotient

$$v = \lim_{t_2 \to t_1} \frac{s(t_2) - s(t_1)}{t_2 - t_1} = \frac{ds}{dt}\,. \tag{3}$$

Dieser Begriff wurde erstmalig von Newton eingeführt und von ihm mit $\dot{s}$ bezeichnet. Ableitungen nach der Zeit bezeichnet man deshalb auch heute noch durch einen Punkt über der betreffenden Größe. Die Geschwindigkeit ist also ein Quotient aus Weg und Zeit. Bei Bewegungen mit konstanter Geschwindigkeit wird oft gesagt, die Geschwindigkeit sei der Weg, der in der Zeiteinheit zurückgelegt wird. Das ist falsch, denn die Geschwindigkeit ist kein Weg, sondern ist qualitativ davon verschieden. Sie hat die Größenart Länge/Zeit.

Die Beschleunigung b definiert man entsprechend als Differentialquotient der Geschwindigkeit nach der Zeit:

$$b = \frac{dv}{dt} = \frac{d^2s}{dt^2} = \dot{v} = \ddot{s}. \tag{4}$$

Sie hat die Größenart Länge/(Zeit)².

Wenn von den vier Größen s, t, v und b eine als Funktion einer anderen gegeben ist, sind damit die anderen bis auf gewisse Integrationskonstanten auch bestimmt. Wenn s, v oder b als Funktion von t bekannt sind, ergeben sich die anderen durch Differentiationen oder Integrationen. Diese Rechnungsarten werden hier als bekannt vorausgesetzt und nicht weiter erörtert.

Wenn v als Funktion von s gegeben ist, $v = f(s)$, nutzt man zur Berechnung der Zeit t als Funktion von s die Tatsache aus, daß für das Zeitintervall Δt, welches zur Zurücklegung eines kleinen Wegstückes Δs benötigt wird, angenähert die Formel

$$\Delta t \approx \frac{\Delta s}{f(s)} \tag{5}$$

gilt. Den Zusammenhang zwischen dem Weg s und der Zeit t erhält man daraus durch Summation über alle Intervalle von einer Anfangszeit t_1 bzw. einem Anfangsweg s_1 an. Die so erhaltene Beziehung wird, wie in der Mathematik bewiesen wird, streng richtig, wenn man die Intervalle Δs unbegrenzt verkleinert und ihre Anzahl entsprechend erhöht. Sie lautet

$$t - t_1 = \int_{s_1}^{s} \frac{ds}{f(s)}. \tag{6}$$

Auflösen dieser Formel nach s liefert den Weg als Funktion von t. Differentiation liefert dann $v(t)$ und $b(t)$.

Wenn die Beschleunigung als Funktion der Geschwindigkeit gegeben ist, also $b = g(v)$, führt dasselbe Verfahren zum Ziel, nur hat man in obiger Rechnung s durch v zu ersetzen. Man erhält

$$t - t_1 = \int_{v_1}^{v} \frac{dv}{g(v)}. \tag{7}$$

Daraus folgt dann v als Funktion von t und weiter durch Differentiation und Integration $b(t)$ und $s(t)$.

Die schwierigste von diesen einfachen Grundaufgaben ist die, bei der die Beschleunigung b als Funktion des Weges s gegeben ist:

$$b = h(s). \tag{8}$$

Zur Integration multipliziert man diese Gleichung mit $v = ds/dt$ und erhält

$$v \frac{dv}{dt} = h(s) \frac{ds}{dt}. \tag{9}$$

Nach der Kettenregel ist die linke Seite gleich der Ableitung von $v^2/2$ nach t. Ist $H(s)$ das unbestimmte Integral von $h(s)$, also $h(s) = dH(s)/ds$, so ist die rechte Seite gleich der Ableitung von $H(s)$ nach t. Nach (9) gilt also

$$\frac{d}{dt}\left(\frac{v^2}{2} - H(s)\right) = 0 \tag{10}$$

oder

$$\frac{v^2}{2} - H(s) = C = \text{konst.} \tag{11}$$

Ist v_0 der Wert der Geschwindigkeit an der Stelle s_0, so hat C den Wert $C = v_0^2/2 - H(s_0)$. (11) liefert dann v als Funktion von s. Die weitere Rechnung verläuft nach Formel (6).

Als Beispiel behandeln wir die lineare harmonische Schwingung, bei welcher die Beschleunigung proportional zur Entfernung s des betrachteten Punktes vom Nullpunkt P_0 ist und das entgegengesetzte Vorzeichen von s hat:

$$b = \frac{d^2 s}{dt^2} = -\omega^2 s. \tag{12}$$

(ω: eine positive Konstante von der Größenart einer reziproken Zeit). Das obige Verfahren liefert:

$$\frac{v^2}{2} + \frac{\omega^2 s^2}{2} = C.$$

Die Geschwindigkeit beim Durchlaufen der Ruhelage $s = 0$ sei v_1. Dann folgt

$$v = \sqrt{v_1^2 - \omega^2 s^2}.$$

Falls die Ruhelage zur Zeit $t = t_1$ durchlaufen wurde, ergibt sich nach (6)

$$t - t_1 = \int_{s=0}^{s} \frac{ds}{\sqrt{v_1^2 - \omega^2 s^2}} = \frac{1}{\omega} \arcsin \frac{\omega s}{v_1}$$

oder durch Auflösen nach s:

$$s = \frac{v_1}{\omega} \sin \omega (t - t_1). \tag{13}$$

Man findet also eine periodische Bewegung mit der Schwingungsdauer

$$T_0 = \frac{2\pi}{\omega}. \tag{14}$$

In diesem Spezialfall ist der angegebene systematische Weg allerdings nicht der einfachste. Qualitativ läßt sich der Verlauf der Lösung schon ohne Integration unmittelbar aus (12) ablesen. Wenn zur Zeit $t = t_1$ der betrachtete Punkt die Nullage $s = 0$ mit der positiven Geschwindigkeit v_1 durchläuft, gelangt er in das Gebiet positiver s, in dem nach (12) die Beschleunigung negativ ist. Die Geschwindigkeit muß also abnehmen, und zwar um so stärker, je größer s geworden

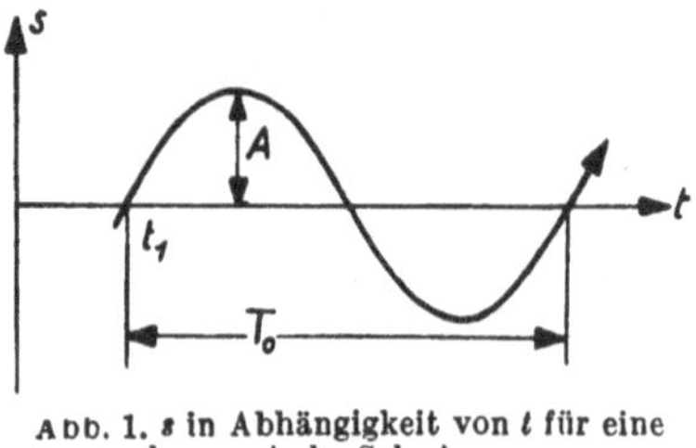

Abb. 1. s in Abhängigkeit von t für eine harmonische Schwingung.

ist. Sie wird schließlich null werden, und dann beginnt der Punkt zur Nullage zurückzukehren. Im Bereich negativer s wiederholt sich dieses Spiel im umgekehrten Sinne. Wenn man also s als Funktion von t graphisch darstellt, muß die Lösungskurve qualitativ die Gestalt haben, wie sie in Abb. 1 dargestellt ist. Es liegt daher nahe, zu versuchen, ob eine Sinuskurve zur Lösung führt. Der Ansatz

$$s = A \sin(\beta t + \alpha) \tag{15}$$

befriedigt (12), wenn man $\beta = \omega$ setzt. Die Anfangsbedingung $s = 0$ bei $t = t_1$ verlangt $\alpha = -\beta t_1$. Differentiation nach der Zeit liefert nun

$$v = A\omega \cos \omega(t - t_1)\,. \tag{16}$$

Die Geschwindigkeit zur Zeit $t = t_1$ ist also $v_1 = A\omega$. Setzt man die Werte für A, α und β ein, so wird (15) mit (13) identisch. Hätten wir in (15) statt des Sinus einen Cosinus angesetzt, so hätte sich für α ein anderer Wert ergeben und schließlich nach Berücksichtigung der Anfangswerte wieder dieselbe Lösung. Diese Methode, die Lösung nach qualitativen Überlegungen über den Verlauf der Bewegung zu raten, ist oft viel einfacher und manchmal sogar der einzig mögliche Weg zur Lösung.

§ 3. Geschwindigkeit und Beschleunigung bei beliebiger Bewegung

Zur Kennzeichnung der Lage eines Punktes im Raum relativ zu einem als ruhend angenommenen Bezugskörper ist mindestens die Angabe seiner Entfernungen von drei Punkten des Bezugskörpers notwendig. In der Regel denkt man sich mit dem Bezugskörper ein rechtwinkliges Koordinatensystem verbunden und gibt die Koordinaten x, y, z des Punktes an. Die drei Längen x, y, z bilden die Komponenten des Ortsvektors $\mathbf{r}$ vom Koordinatenursprung O zu dem betrachteten Punkt P. Die Rechenregeln der Vektorrechnung setzen wir im folgenden als bekannt voraus[1]). Die

[1]) Vgl. S. Valentiner-König, Vektoren und Matrizen, Sammlung Göschen 354/354a.

Bewegung von P ist vollständig beschrieben, wenn der Ortsvektor $\boldsymbol{r}$ bzw. seine 3 Komponenten $x(t)$, $y(t)$ und $z(t)$ als Funktionen der Zeit t gegeben sind.

Unter der mittleren Geschwindigkeit im Zeitintervall von t_1 bis t_2 versteht man, analog zu (§ 2; 2), den Vektor

$$\bar{\boldsymbol{v}} = \frac{\boldsymbol{r}(t_2) - \boldsymbol{r}(t_1)}{t_2 - t_1}. \tag{1}$$

Er hat, ebenso wie der Vektor $\Delta \boldsymbol{r} = \boldsymbol{r}(t_2) - \boldsymbol{r}(t_1)$, die Richtung der Sehne der Bahnkurve zwischen den in den Zeitpunkten t_1 und t_2 erreichten Punkten P_1 und P_2 (vgl. Abb. 2). Unter der Geschwindigkeit im Zeitpunkt t_1 versteht man den Grenzwert des obigen Vektors beim Grenzübergang $t_2 \to t_1$:

$$\boldsymbol{v}(t_1) = \lim_{t_2 \to t_1} \frac{\boldsymbol{r}(t_2) - \boldsymbol{r}(t_1)}{t_2 - t_1}. \tag{2}$$

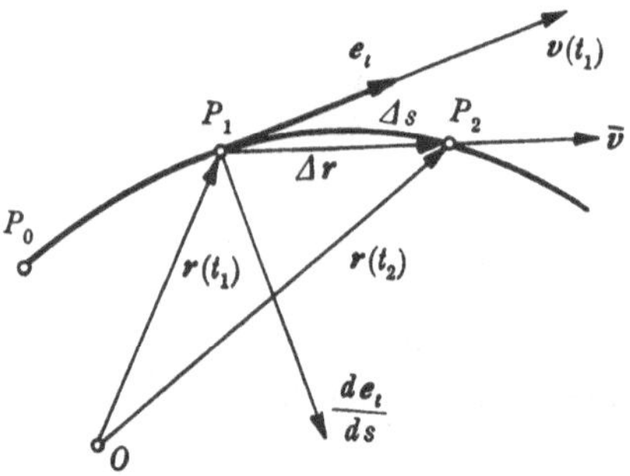

Abb. 2. Die Bahnkurve im Ortsraum

Dieser Vektor hat die Richtung der Bahntangente im Punkt P_1.

Der Betrag von $\Delta \boldsymbol{r} = \boldsymbol{r}(t_2) - \boldsymbol{r}(t_1)$ stimmt um so genauer mit der Länge Δs der Bahnkurve von P_1 nach P_2 überein, je kleiner $t_2 - t_1$ ist. Daher ist zu vermuten, daß der Betrag $|\boldsymbol{v}| = v$ des Geschwindigkeitsvektors gleich der Ableitung der Bogenlänge $s(t)$ nach der Zeit ist:

$$v = |\boldsymbol{v}| = \frac{ds}{dt}. \tag{3}$$

Das folgt mathematisch streng aus dem Umstand, daß die Bogenlänge einer Kurve von dem zur Zeit t_0 erreichten Anfangspunkt P_0 bis zu einem beliebigen, zur Zeit t erreichten Punkt P durch das folgende Integral definiert wird:

$$s = \int_{t_0}^{t} |\boldsymbol{v}|\, dt\,. \tag{4}$$

Dieses Integral hängt nur von der Form der Bahnkurve ab, nicht davon, wie rasch sie durchlaufen wird.

Unter dem Beschleunigungsvektor bei einer räumlichen Bewegung versteht man den folgenden Grenzwert

$$\boldsymbol{b} = \lim_{t_2 \to t_1} \frac{\boldsymbol{v}(t_2) - \boldsymbol{v}(t_1)}{t_2 - t_1}\,. \tag{5}$$

Trägt man die Geschwindigkeitsvektoren $\boldsymbol{v}(t)$ zu verschiedenen Zeiten alle vom gleichen Anfangspunkt aus ab, so beschreibt ihr Endpunkt eine Kurve im Geschwindigkeitsraum, den Hodographen. $\boldsymbol{b}$ ist tangential an den Hodographen gerichtet (vgl. Abb. 3), hat also im allgemeinen nicht die Richtung von $\boldsymbol{v}$. Oft ist es zweckmäßig, den Einheitsvektor

$$\boldsymbol{e}_t = \frac{\boldsymbol{v}}{|\boldsymbol{v}|} \tag{6}$$

in Richtung der Tangente der Bahnkurve einzuführen. Schreibt man die Geschwindigkeit als Produkt aus ihrem Betrag v und dem Vektor $\boldsymbol{e}_t$

$$\boldsymbol{v} = v\boldsymbol{e}_t, \tag{7}$$

so erhält man für den Beschleunigungsvektor den Ausdruck

$$\boldsymbol{b} = \frac{dv}{dt}\boldsymbol{e}_t + v\frac{d\boldsymbol{e}_t}{dt}\,. \tag{8}$$

Der erste Summand in dieser Formel ist parallel zur Bahntangente und wird als Bahnbeschleunigung b_{tang} bezeichnet. Sein Betrag ist gleich der Ableitung des Geschwindigkeitsbetrages bzw. gleich der 2. Ableitung der Bogenlänge nach der Zeit:

$$b_{\text{tang}} = \frac{dv}{dt} = \frac{d^2s}{dt^2}\,. \tag{9}$$

Der zweite Summand in (8) steht senkrecht auf der Bahn. Das folgt anschaulich daraus, daß der Endpunkt von $\boldsymbol{e}_t$ im Geschwindigkeitsraum (Abb. 3) eine Kurve auf der Einheitskugel beschreibt. Deren Tangentenrichtung steht überall senkrecht auf dem Radius bzw. auf $\boldsymbol{e}_t$. Analytisch ergibt es sich durch Differentiation der Gleichung

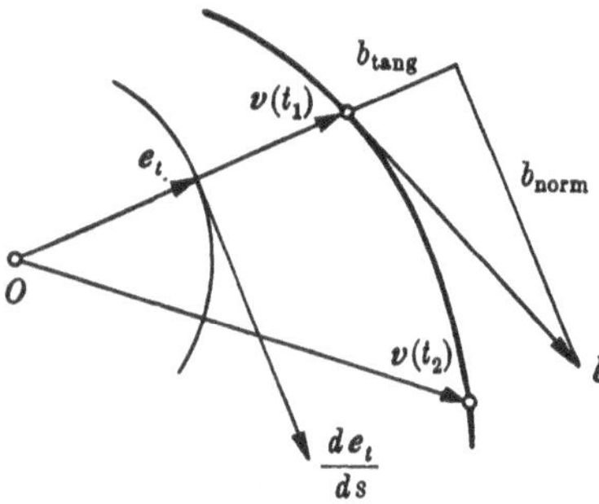

Abb. 3. Der Hodograph im Geschwindigkeitsraum

$$(\boldsymbol{e}_t \cdot \boldsymbol{e}_t) = 1 \qquad (10)$$

nach der Zeit:

$$2\left(\boldsymbol{e}_t \cdot \frac{d\boldsymbol{e}_t}{dt}\right) = 0. \qquad (11)$$

Wenn die Bahn nicht geradlinig ist, also $d\boldsymbol{e}_t/dt$ nicht verschwindet, ist keiner der Faktoren in diesem skalaren Produkt gleich dem Nullvektor. Dann aber verschwindet ein skalares Produkt nur, wenn die Faktoren aufeinander senkrecht stehen.

Der Vektor $d\boldsymbol{e}_t/dt$ zeichnet aus der Gesamtheit der zur Bahntangente senkrechten Richtungen eine aus, die sog. Hauptnormale. Faßt man den Vektor $\boldsymbol{e}_t$ als Funktion der Bogenlänge s der Bahnkurve auf, so erhält man mit Hilfe der Kettenregel für die Normalkomponente der Beschleunigung den Ausdruck:

$$b_{\text{norm}} = v\left|\frac{d\boldsymbol{e}_t}{dt}\right| = v\left|\frac{d\boldsymbol{e}_t}{ds}\cdot\frac{ds}{dt}\right| = v^2\left|\frac{d\boldsymbol{e}_t}{ds}\right|. \qquad (12)$$

Der Vektor $d\boldsymbol{e}_t/ds$ hängt nur von der Form der Bahnkurve ab. Das Reziproke seines Betrages ist der Krümmungsradius ϱ:

$$\left|\frac{d\boldsymbol{e}_t}{ds}\right| = \frac{1}{\varrho}. \qquad (13)$$

Bei einer Bewegung auf einem Kreis ist diese Größe gleich dem Kreisradius. Bei einer beliebigen Kurve ist ϱ der Radius desjenigen Kreises, der sich in dem betrachteten Punkt der Bahnkurve am besten anschmiegt. Die Normalkomponente des Beschleunigungsvektors ist also gleich dem Quadrat der Geschwindigkeit dividiert durch den Krümmungsradius der Bahnkurve

$$b_{\text{norm}} = \frac{v^2}{\varrho}\,. \tag{14}$$

Als Anwendungsbeispiel für diese Beziehungen werde die Bewegung auf einem Kreis betrachtet. Legt man den Koordinatenursprung in den Kreismittelpunkt und die x-y-Ebene in die Kreisebene, so lautet der Ortsvektor

$$\boldsymbol{r} = a(\boldsymbol{e}_x \cos\varphi + \boldsymbol{e}_y \sin\varphi) \tag{15}$$

($\boldsymbol{e}_x$, $\boldsymbol{e}_y$ = Einheitsvektoren in x- und y-Richtung, a = Kreisradius, $\varphi(t)$ = der zeitabhängige Winkel zwischen dem Ortsvektor und der x-Achse; vgl. Abb. 4).

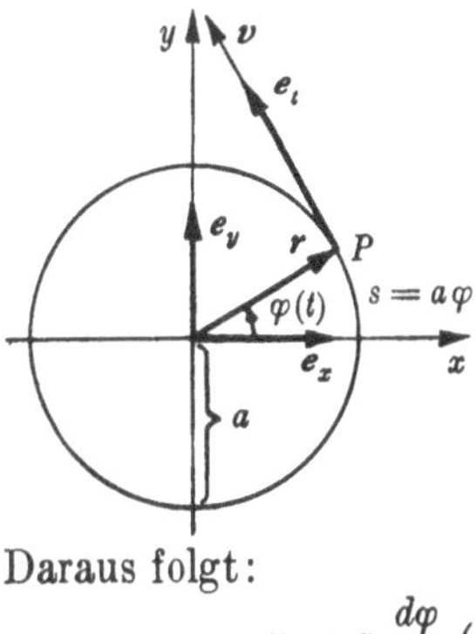

Abb. 4. Bewegung auf einem Kreis

Daraus folgt:

$$\boldsymbol{v} = a\,\frac{d\varphi}{dt}\,\underbrace{(-\,\boldsymbol{e}_x \sin\varphi + \boldsymbol{e}_y \cos\varphi)}_{\boldsymbol{e}_t}\,. \tag{16}$$

Der Vektor in der Klammer ist der Vektor $\boldsymbol{e}_t$ in Richtung der Bahntangente. Vergleich mit (7) liefert:

$$v = a\,\frac{d\varphi}{dt}\,, \tag{17}$$

d. h. der Betrag v der Geschwindigkeit auf dem Kreis ist gleich dem Kreisradius a mal der Winkelgeschwindigkeit $d\varphi/dt$. Da die Bogenlänge s, von der x-Achse an gerechnet, gleich $a\varphi$ ist, stimmt diese Formel mit (3) überein. Weiter folgt durch Differentiation von (16)

$$\boldsymbol{b} = a\frac{d^2\varphi}{dt^2}(-\boldsymbol{e}_x \sin\varphi + \boldsymbol{e}_y \cos\varphi) \\ - a\left(\frac{d\varphi}{dt}\right)^2 (\boldsymbol{e}_x \cos\varphi + \boldsymbol{e}_y \sin\varphi). \qquad (18)$$

Der erste Summand ist ein Vektor parallel zu $\boldsymbol{v}$, ist also gleich der Bahnbeschleunigung. Sein Betrag ist

$$b_{\text{tang}} = a\frac{d^2\varphi}{dt^2} = \frac{d^2s}{dt^2}, \qquad (19)$$

(vgl. 9). Der zweite Summand in (18) steht senkrecht auf der Kreisbahn, da er entgegengesetzt zu $\boldsymbol{r}$ gerichtet ist. Sein Betrag ist

$$b_{\text{norm}} = a\left(\frac{d\varphi}{dt}\right)^2 = \frac{v^2}{a}, \qquad (20)$$

wie es nach (14) sein soll, da hier $\varrho = a$ ist. Diesen Anteil der Beschleunigung nennt man auch die Zentripetalbeschleunigung.

§ 4. Die Planetenbewegung

Nach Kepler wird die Bewegung der Planeten durch die folgenden drei Gesetze beherrscht:

1. Die Bahn jedes Planeten ist eine Ellipse, in deren einem Brennpunkt die Sonne steht.
2. Der Radiusvektor von der Sonne zum Planeten überstreicht in gleichen Zeiten gleiche Flächen.
3. Der Quotient aus dem Quadrat der Umlaufszeit und der dritten Potenz der großen Halbachse der Bahnellipse ist für alle Planeten gleich.

Genau genommen gelten diese Aussagen natürlich nur für die Mittelpunkte der Planeten. Um das nicht immer sagen zu müssen, wollen wir im folgenden die Planeten stets als Punkte behandeln.

Da das erste Gesetz die Bahnform und das zweite die Geschwindigkeit der Bewegung auf ihr bestimmt, liefern beide zusammen implizit den ganzen Bewegungsablauf. Wir wollen den Vektor der Beschleunigung nach Größe und Richtung aus diesen Gesetzen herleiten. Man benutzt dazu zweckmäßig Polarkoordinaten in der Ebene der Bahn. Der Ursprung des Koordinatensystems liege in der Sonne; die Achse $\varphi = 0$ sei die Richtung der großen Ellipsenachse, auf der auch der zweite Brennpunkt S' liegt (vgl. Abb. 5). Ist e der halbe Abstand der beiden Brennpunkte, so ergibt sich für

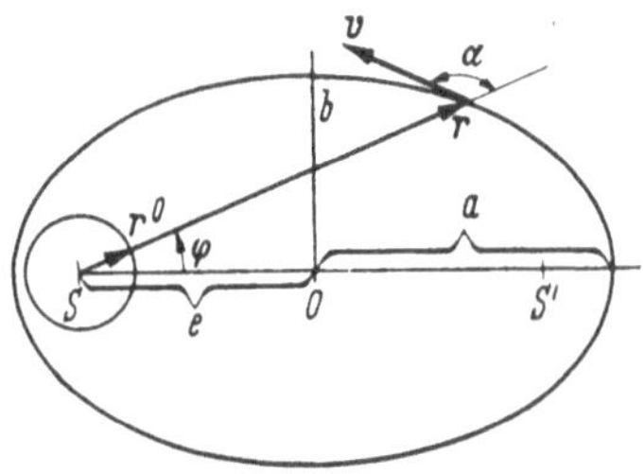

Abb. 5. Die Kepler-Ellipse und die Bahn des Einheitsvektors r^0

einen Ellipsenpunkt mit dem Azimutalwinkel φ und dem Abstand r von der Sonne der Abstand vom anderen Brennpunkt aus dem Cosinussatz. Man erhält dafür $\sqrt{r^2 + 4e^2 - 4re\cos\varphi}$. Da auf einer Ellipse die Summe der Brennpunktsabstände konstant gleich der großen Achse $2a$ ist, gilt

$$r + \sqrt{r^2 + 4e^2 - 4re\cos\varphi} = 2a\,. \tag{1}$$

Isoliert man die Wurzel, quadriert und löst nach r auf, so ergibt sich mit den Abkürzungen $\varepsilon = \frac{e}{a} < 1$ und $p = \frac{a^2 - e^2}{a}$ die Brennpunktsgleichung der Ellipse

$$r = \frac{p}{1 - \varepsilon\cos\varphi}\,. \tag{2}$$

Das ist die Aussage des ersten Keplerschen Gesetzes in mathematischer Form.

Da sich in einer kleinen Zeit Δt der Azimutalwinkel φ um $\dot{\varphi}\Delta t$ ändert, überstreicht der Radiusvektor in der Zeit Δt die Fläche $\frac{1}{2} r^2 \dot{\varphi}\, \Delta t$. Das zweite Keplersche Gesetz besagt also, daß

$$\frac{1}{2} r^2 \dot{\varphi} = C = \text{konstant} \tag{3}$$

ist. Man kann dasselbe auch in Vektoren ausdrücken. In der Zeit Δt bewegt sich der Planet die Strecke $v\Delta t$. Ist α der Winkel zwischen $\boldsymbol{v}$ und $\boldsymbol{r}$, so ist die vom Radiusvektor in der Zeit Δt überstrichene Fläche $\frac{1}{2}\, v r \sin\alpha\, \Delta t$. Das Produkt $v r \sin\alpha$ ist aber der Betrag des Vektorproduktes $\boldsymbol{r} \times \boldsymbol{v}$. Da $\boldsymbol{r}$ und $\boldsymbol{v}$ stets in der Bahnebene liegen, ist $\boldsymbol{r} \times \boldsymbol{v}$ zu allen Zeiten senkrecht darauf, hat also konstante Richtung. Das 2. Keplersche Gesetz besagt demnach, daß der Vektor

$$\boldsymbol{r} \times \boldsymbol{v} = 2\boldsymbol{C} \tag{4}$$

nach Größe und Richtung konstant ist. Daraus folgt durch Differentiation nach t

$$\dot{\boldsymbol{r}} \times \boldsymbol{v} + \boldsymbol{r} \times \boldsymbol{b} = 0\,.$$

Der erste Summand verschwindet, weil $\dot{\boldsymbol{r}} = \boldsymbol{v}$ ist. Also muß auch der zweite verschwinden. Da aber weder der Ortsvektor noch die Beschleunigung $\boldsymbol{b}$ gleich null sind, müssen $\boldsymbol{r}$ und $\boldsymbol{b}$ parallel sein. Das 2. Keplersche Gesetz enthält also die Aussage, daß der Beschleunigungsvektor parallel zur Verbindungslinie Sonne — Planet ist.

Es bleibt noch der Betrag von $\boldsymbol{b}$ zu berechnen. Der Vektor in Richtung des Ortsvektors vom Betrage 1 sei $\boldsymbol{r}^0$. Wenn $|\boldsymbol{r}| = r$ gesetzt wird, kann man schreiben:

$$\boldsymbol{r} = r\,\boldsymbol{r}^0.$$

Durch zweimalige Differentiation nach t ergibt sich daraus

$$\boldsymbol{b} = \ddot{r} \cdot \boldsymbol{r}^0 + 2\dot{r}\,\frac{d\boldsymbol{r}^0}{dt} + r\,\frac{d^2 \boldsymbol{r}^0}{dt^2}\,. \tag{5}$$

Da $\boldsymbol{r}^0$ ein Einheitsvektor ist, gilt

$$\boldsymbol{r}^0 \cdot \boldsymbol{r}^0 = 1\,.$$

Differenziert man auch diese Gleichung nach der Zeit, so folgt

$$\boldsymbol{r}^0 \cdot \frac{d\boldsymbol{r}^0}{dt} = 0, \tag{6}$$

d. h. $\frac{d\boldsymbol{r}^0}{dt}$ steht senkrecht auf $\boldsymbol{r}^0$. Bei nochmaliger Differentiation erhält man

$$\boldsymbol{r}^0 \cdot \frac{d^2\boldsymbol{r}^0}{dt^2} + \frac{d\boldsymbol{r}^0}{dt} \cdot \frac{d\boldsymbol{r}^0}{dt} = 0. \tag{7}$$

Multipliziert man (5) skalar mit $\boldsymbol{r}^0$ und beachtet (6) und (7), so ergibt sich

$$\boldsymbol{b} \cdot \boldsymbol{r}^0 = \ddot{r} - r\left(\frac{d\boldsymbol{r}^0}{dt} \cdot \frac{d\boldsymbol{r}^0}{dt}\right).$$

Der Endpunkt von $\boldsymbol{r}^0$ bewegt sich auf einem Kreis vom Radius 1. Die Geschwindigkeit dieses Punktes ist gleich der Winkelgeschwindigkeit $\left|\frac{d\boldsymbol{r}^0}{dt}\right| = \dot{\varphi}$ (vgl. § 3; 8). Somit folgt

$$\boldsymbol{b} \cdot \boldsymbol{r}^0 = \ddot{r} - r\dot{\varphi}^2. \tag{8}$$

Zur Berechnung dieses Ausdruckes nehmen wir von (2) das Reziproke und differenzieren nach t:

$$\frac{d}{dt}\left(\frac{1}{r}\right) = -\frac{1}{r^2}\dot{r} = \frac{\varepsilon}{p}\sin\varphi \cdot \dot{\varphi}.$$

Eliminiert man daraus $\dot{\varphi}$ mittels (3), so erhält man

$$\dot{r} = -\frac{2\varepsilon C}{p}\sin\varphi.$$

Nochmalige Differentiation nach t und Anwendung von (3) ergibt

$$\ddot{r} = -\frac{2\varepsilon C}{p}\cos\varphi \cdot \dot{\varphi} = -\frac{4\,\varepsilon\,C^2}{p}\cos\varphi \cdot \frac{1}{r^2}.$$

Einsetzen in (8) liefert:

$$\boldsymbol{b} \cdot \boldsymbol{r}^0 = -\frac{4\,C^2}{r^2}\left(\frac{\varepsilon}{p}\cos\varphi + \frac{1}{r}\right).$$

Die Klammer ist nach (2) mit $1/p$ identisch. Also gilt:

$$\mathfrak{b} \cdot \mathfrak{r}^0 = -\frac{4\,C^2}{p} \cdot \frac{1}{r^2} . \tag{9}$$

Das zweite Keplersche Gesetz liefert die Aussage, daß $\mathfrak{b}$ parallel zu $\mathfrak{r}$ bzw. $\mathfrak{r}^0$ ist. Aus dem ersten Keplerschen Gesetz ergibt sich daher wegen (9) das Resultat, daß $\mathfrak{b}$ vom Planeten zur Sonne hin gerichtet ist und umgekehrt proportional ist zum Quadrat des Abstandes von der Sonne.

Das dritte Keplersche Gesetz enthält schließlich eine Aussage über die Proportionalitätskonstante $\frac{4\,C^2}{p}$ in (9). Ist $b^2 = a^2 - e^2$ die kleine Halbachse der Bahnellipse, so ist die Fläche der Ellipse bekanntlich $\pi a b$. Bezeichnet man die Umlaufsdauer mit T, so muß das Produkt aus der in der Zeiteinheit vom Radiusvektor überstrichenen Fläche C mal T gleich der Ellipsenfläche sein:

$$C T = \pi a b .$$

Quadriert man diese Gleichung und dividiert beide Seiten durch $C^2 a^3$, so erhält man unter Berücksichtigung der Bedeutung von $p = \frac{b^2}{a}$

$$\frac{T^2}{a^3} = \frac{\pi^2 b^2}{C^2 a} = \frac{\pi^2\, p}{C^2} . \tag{10}$$

Nach dem 3. Keplerschen Gesetz ist T^2/a^3 für alle Planeten gleich. Also ist auch die Größe $\frac{4 C^2}{p}$ in (9) für alle Planeten dieselbe. Die drei Keplerschen Gesetze zusammen enthalten also die folgende Aussage:

Der Beschleunigungsvektor des Mittelpunktes eines Planeten ist zur Sonne hin gerichtet. Sein Betrag ist gleich einer für alle Planeten gleichen Konstanten dividiert durch das Quadrat des jeweiligen Abstandes von der Sonne. Dieses Resultat bildet den einen Baustein für die Aufstellung des Newtonschen Gravitationsgesetzes (siehe § 18).

§ 5. Die Bewegung des starren Körpers

Bisher haben wir nur die Bewegung eines einzelnen Punktes betrachtet. Bei einem ausgedehnten Körper muß man zur vollständigen Beschreibung seiner Bewegung die Bahn jedes seiner Punkte angeben. Das ist bei einem beliebig deformierbaren Körper, einer Flüssigkeit oder einem Gas im allgemeinen recht kompliziert. Bei einem starren Körper wird es jedoch ziemlich einfach. Wenn etwa $\boldsymbol{v}_0$ die Geschwindigkeit irgendeines Punktes O des betrachteten Körpers ist und $\boldsymbol{r}_0$ sein Ortsvektor, so kann man zeigen, daß die Geschwindigkeit $\boldsymbol{v}$ eines anderen Körperpunktes P mit dem Ortsvektor $\boldsymbol{r}$ sich in folgender Form schreiben läßt:

$$\boldsymbol{v} = \boldsymbol{v}_0 + \boldsymbol{\omega} \times (\boldsymbol{r} - \boldsymbol{r}_0). \tag{1}$$

Dabei ist $\boldsymbol{\omega}$ ein von $\boldsymbol{r}$ unabhängiger Vektor, der für die Bewegung des ganzen Körpers charakteristisch ist. Man nennt ihn den Drehvektor. Um diese Formel als richtig einzusehen, betrachten wir die räumliche Verteilung der Relativgeschwin-

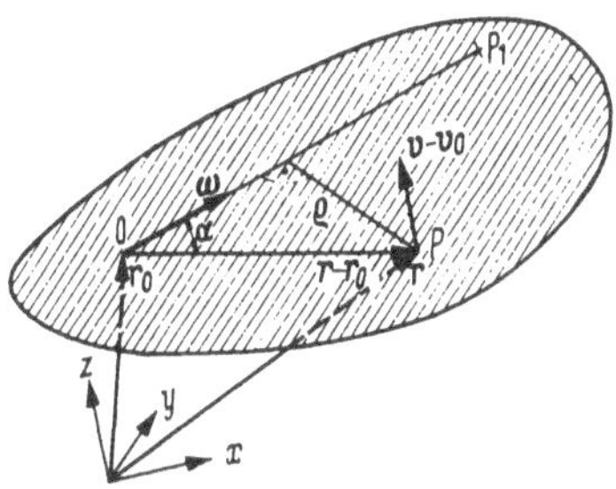

Abb. 6. Zur Analyse der Bewegung des starren Körpers.

digkeiten $\boldsymbol{v}' = \boldsymbol{v} - \boldsymbol{v}_0$ relativ zu einem Beobachter, der sich mit dem Bezugspunkt O mitbewegt. Ist P_1 irgendein anderer Punkt des Körpers außer O, dessen Relativgeschwindigkeit $\boldsymbol{v}'$ im betrachteten Augenblick gleich null ist, so muß für alle Punkte der Geraden OP_1 $\boldsymbol{v}' = 0$ sein, denn sonst würden die Punkte der körperfesten Geraden OP_1 nicht auf einer

Geraden liegen bleiben oder ihre Abstände ändern, was bei starren Körpern unmöglich ist. Da eine körperfeste Ebene bei der Bewegung eine Ebene bleiben muß, kann sich eine Ebene durch die Gerade OP_1, von dem mit O mitbewegten Beobachter aus gesehen, in einer genügend kleinen Zeit Δt nur um einen kleinen Winkel $\Delta\varphi$ um die Gerade OP_1 als Achse drehen. Weil die Winkel zwischen körperfesten Ebenen konstant bleiben, müssen sich ferner alle Ebenen durch OP_1 in der Zeit Δt um den gleichen Winkel $\Delta\varphi$ drehen. Die Verschiebung eines beliebigen Punktes P in der Zeit Δt steht also für den mit O mitbewegten Beobachter senkrecht auf der Ebene durch P und die Gerade OP_1, und ihr Betrag Δs ist gleich $\Delta\varphi$ mal dem Abstand ϱ des Punktes P von OP_1. Ist α der Winkel zwischen der Differenz $\boldsymbol{r} - \boldsymbol{r}_0$ der Ortsvektoren nach P und P_0 und der Geraden OP_1 (vgl. Abb. 6), so ist $\varrho = |\boldsymbol{r} - \boldsymbol{r}_0| \sin\alpha$, also

$$\frac{\Delta s}{\Delta t} = \frac{\Delta\varphi}{\Delta t} |\boldsymbol{r} - \boldsymbol{r}_0| \sin\alpha. \tag{2}$$

Streng richtig wird diese Gleichung erst beim Grenzübergang $\Delta t \to 0$. Bezeichnen wir den Grenzwert von $\frac{\Delta\varphi}{\Delta t}$ mit ω, so erhalten wir

$$|\boldsymbol{v}'| = |\boldsymbol{v} - \boldsymbol{v}_0| = \omega\, |\boldsymbol{r} - \boldsymbol{r}_0| \sin\alpha. \tag{3}$$

Führt man nun einen Vektor $\boldsymbol{\omega}$ in der Richtung der Geraden OP_1 ein mit dem Betrage $|\boldsymbol{\omega}| = \omega$, so ergibt sich nach Größe und Richtung

$$\boldsymbol{v} - \boldsymbol{v}_0 = \boldsymbol{\omega} \times (\boldsymbol{r} - \boldsymbol{r}_0). \tag{4}$$

Das ist offenbar mit (1) identisch.

Die Geschwindigkeitsverteilung der Punkte eines starren Körpers ist demnach in einem bestimmten Augenblick in der durch (1) gegebenen linearen Weise vom Ort abhängig. Die beiden Vektoren $\boldsymbol{v}_0$ und $\boldsymbol{\omega}$ kennzeichnen die gesamte Verteilung der Geschwindigkeit. Der Bezugspunkt O kann dabei völlig willkürlich gewählt werden. Geht man zu einem anderen Bezugspunkt O'' mit dem Ortsvektor $\boldsymbol{r}_0''$ über, so kann man (1) umformen zu der Gestalt

$$\boldsymbol{v} = \boldsymbol{v}_0 + \boldsymbol{\omega} \times (\boldsymbol{r}_0'' - \boldsymbol{r}_0) + \boldsymbol{\omega} \times (\boldsymbol{r} - \boldsymbol{r}_0''). \tag{5}$$

Die beiden ersten Summanden zusammen sind nach (1) gleich der Geschwindigkeit $\boldsymbol{v}_0''$ von O''. Man erhält also

$$\boldsymbol{v} = \boldsymbol{v}_0'' + \boldsymbol{\omega} \times (\boldsymbol{r} - \boldsymbol{r}_0'') . \qquad (6)$$

Bei einem anderen Bezugspunkt ist demnach der Drehvektor $\boldsymbol{\omega}$ der gleiche. Die Geschwindigkeit $\boldsymbol{v}_0''$ des Bezugspunktes ändert sich beim Übergang zu O'' um den Vektor $\boldsymbol{\omega} \times (\boldsymbol{r}_0'' - \boldsymbol{r}_0)$. Da diese Änderung senkrecht auf $\boldsymbol{\omega}$ steht, bleibt die Komponente der Geschwindigkeit des Bezugspunktes parallel zu $\boldsymbol{\omega}$ bei einem Wechsel des Bezugspunktes ebenfalls konstant. Man kann O'' stets so wählen, daß die Komponente von $\boldsymbol{v}_0''$ senkrecht zu $\boldsymbol{\omega}$ verschwindet. Das ist manchmal zweckmäßig. Aus dynamischen Gründen wählt man aber in der Regel als Bezugspunkt den Schwerpunkt (vgl. § 12). Dann werden meist $\boldsymbol{v}_0$ und $\boldsymbol{\omega}$ nicht parallel sein.

Im allgemeinen werden sich $\boldsymbol{v}_0$ und $\boldsymbol{\omega}$ bei der Bewegung eines Körpers im Laufe der Zeit ändern. Insbesondere wird sich der Drehvektor $\boldsymbol{\omega}$ nicht nur relativ zu einem ruhenden Koordinatensystem, sondern auch relativ zu dem bewegten starren Körper nach Größe und Richtung ändern. Um diese Änderungen zu studieren, wollen wir vorübergehend ein im Körper festliegendes Koordinatensystem einführen, dessen Ursprung im Bezugspunkt O liegen möge. Die Einheitsvektoren in Richtung seiner Achsen seien $\boldsymbol{i}, \boldsymbol{j}, \boldsymbol{k}$. Diese Vektoren sind natürlich zeitlich veränderlich. Man kann sie auffassen als Differenz zwischen den Ortsvektoren zu den drei Punkten auf den Koordinatenachsen im Abstand 1 von O und dem Ortsvektor $\boldsymbol{r}_0$. Nach (1) gilt für die Änderungsgeschwindigkeit einer solchen Differenz $\boldsymbol{r} - \boldsymbol{r}_0$ von Ortsvektoren

$$\frac{d}{dt}(\boldsymbol{r} - \boldsymbol{r}_0) = \boldsymbol{v} - \boldsymbol{v}_0 = \boldsymbol{\omega} \times (\boldsymbol{r} - \boldsymbol{r}_0) . \qquad (7)$$

Entsprechend erhält man

$$\frac{d\boldsymbol{i}}{dt} = \boldsymbol{\omega} \times \boldsymbol{i}; \; \frac{d\boldsymbol{j}}{dt} = \boldsymbol{\omega} \times \boldsymbol{j}; \; \frac{d\boldsymbol{k}}{dt} = \boldsymbol{\omega} \times \boldsymbol{k} . \qquad (8)$$

Die Komponenten des Drehvektors $\boldsymbol{\omega}$ in bezug auf das körperfeste Koordinatensystem seien $\omega_x, \omega_y, \omega_z$. Dann gilt

$$\boldsymbol{\omega} = \omega_x \boldsymbol{i} + \omega_y \boldsymbol{j} + \omega_z \boldsymbol{k} . \qquad (9)$$

Differentiation nach der Zeit ergibt

$$\frac{d\boldsymbol{\omega}}{dt} = \frac{d\omega_x}{dt}\boldsymbol{i} + \frac{d\omega_y}{dt}\boldsymbol{j} + \frac{d\omega_z}{dt}\boldsymbol{k} + \omega_x\frac{d\boldsymbol{i}}{dt} + \omega_y\frac{d\boldsymbol{j}}{dt} + \omega_z\frac{d\boldsymbol{k}}{dt}. \quad (10)$$

Setzt man hier die Ausdrücke (8) ein, so entsteht aus den letzten drei Summanden zusammen das Vektorprodukt von $\boldsymbol{\omega}$ mit sich selbst, also null. Man erhält daher

$$\frac{d\boldsymbol{\omega}}{dt} = \frac{d\omega_x}{dt}\boldsymbol{i} + \frac{d\omega_y}{dt}\boldsymbol{j} + \frac{d\omega_z}{dt}\boldsymbol{k}. \quad (11)$$

Die zeitliche Änderung von $\boldsymbol{\omega}$ kann man demnach so berechnen, als ob $\boldsymbol{i}, \boldsymbol{j}, \boldsymbol{k}$ konstante Vektoren wären, oder mit anderen Worten: Die Änderungsgeschwindigkeit des Drehvektors $\boldsymbol{\omega}$ für einen ruhenden Beobachter ist die gleiche wie die, welche ein mit dem starren Körper mitbewegter Beobachter feststellen würde.

Daraus ergibt sich eine anschauliche Beschreibung der Drehbewegung. Wenn man sich die Drehvektoren zu verschiedenen Zeiten alle vom Bezugspunkt O aus abgetragen denkt, so wird dadurch ein im Körper festliegender allgemeiner Kegel beschrieben. Seine Spitze liegt in O. Die Bahn des Endpunktes von $\boldsymbol{\omega}$ liegt auf seinem Mantel. Man nennt diesen Kegel den Gangpolkegel oder Polhodie (Polweg). Genauso kann auch ein ruhender Beobachter einen entsprechenden, im Raum festliegenden Kegel konstruieren. Diesen zweiten Kegel bezeichnet man als Rastpolkegel oder Herpolhodie. Legt man durch Parallelverschiebung die Spitzen beider Kegel zusammen, so haben sie in jedem Augenblick eine Mantellinie gemeinsam, nämlich gerade diejenige, in der der jeweilige Drehvektor liegt. Wenn die Lage der körperfesten Achsen $\boldsymbol{i}, \boldsymbol{j}, \boldsymbol{k}$ eine kleine Zeit Δt lang konstant wäre, würde sich der Endpunkt des Drehvektors auf dem körperfesten Kegel um die kleine Strecke $\left(\frac{d\omega_x}{dt}\boldsymbol{i} + \frac{d\omega_y}{dt}\boldsymbol{j} + \frac{d\omega_z}{dt}\boldsymbol{k}\right)\Delta t$ verschieben. In Wirklichkeit wandert er auf dem raumfesten Kegel um die Strecke $\frac{d\boldsymbol{\omega}}{dt}\Delta t$. Nach (11) sind beide Strecken identisch. Das bedeutet: Der körperfeste und der raumfeste Kegel des Drehvektors berühren sich an der Stelle des momentanen Drehvektors. Denn wenn man den körperfesten Kegel in Gedanken festhält und auf ihm weiterwandert von dem Drehvektor zur Zeit t zu demjenigen zur Zeit $t + \Delta t$, so erhält man bis auf Größen proportional $(\Delta t)^2$ und höherer Ordnung denselben Drehvektor wie beim Fortschreiten längs des raumfesten Kegels. Wenn man also von der Bewegung des Bezugspunktes O absieht und die Scheitel der beiden Kegel des Drehvektors in einem Punkt verschiebt, so erscheint die Drehbewegung des starren Körpers als ein Abrollen des körperfesten Gangpolkegels auf dem raumfesten Rastpolkegel ohne Gleitung (vgl. Abb. 7). Man erkennt dar-

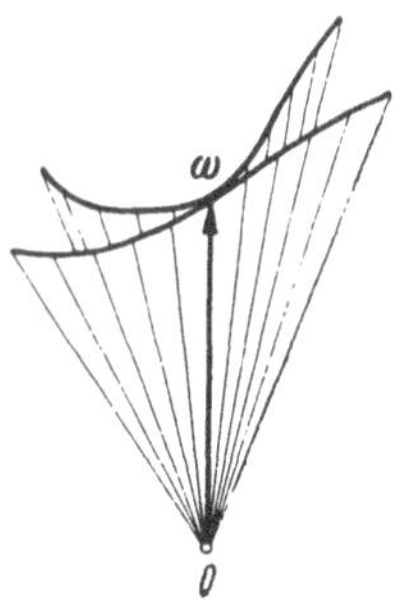

Abb. 7. Das Abrollen der beiden allgemeinen Kegel des Drehvektors ω aufeinander.

aus insbesondere anschaulich: Wenn der Drehvektor im Raum seine Richtung ändert, muß er auch im Körper wandern, denn ein im Körper festliegender Drehvektor entspricht einem entarteten Gangpolkegel, dessen Öffnung sich auf null zusammengezogen hat. Dieser kann durch Rollen nicht im Raum fortschreiten. Auf diese Ergebnisse werden wir in § 26 zurückkommen.

§ 6. Die Relativbewegung

In vielen Fällen betrachtet man Bewegungen relativ zu einem starren Körper, der sich selber bewegt. Man interessiert sich dann für die Geschwindigkeit und Beschleunigung, die ein ruhender Beobachter feststellen würde. Das ist insbesondere deshalb wichtig, weil unsere Erdkugel sich dreht.

Wir denken uns in dem bewegten Körper ein rechtwinkliges Koordinatensystem festgelegt mit dem Ursprung O und den Einheitsvektoren $\boldsymbol{i}, \boldsymbol{j}, \boldsymbol{k}$ in den Achsenrichtungen. Wir betrachten einen Punkt P, der in diesem Koordinatensystem den Ortsvektor $\boldsymbol{r}'$ mit den Komponenten x', y', z' besitzt. Es ist also

$$\boldsymbol{r}' = x'\boldsymbol{i} + y'\boldsymbol{j} + z'\boldsymbol{k}. \tag{1}$$

O habe in einem ruhenden Koordinatensystem den Ortsvektor $\boldsymbol{r}_0$. Der Ortsvektor von P im Ruhesystem ist demnach

$$\boldsymbol{r} = \boldsymbol{r}_0 + \boldsymbol{r}'. \tag{2}$$

Die Geschwindigkeit von P beträgt

$$\boldsymbol{v} = \frac{d\boldsymbol{r}}{dt} = \frac{d\boldsymbol{r}_0}{dt} + \frac{d\boldsymbol{r}'}{dt}. \tag{3}$$

$\frac{d\boldsymbol{r}_0}{dt} = \boldsymbol{v}_0$ ist die Geschwindigkeit des Koordinatenursprungs O.

Bei der Bildung von $\frac{d\boldsymbol{r}'}{dt}$ ist zu beachten, daß sich nicht nur die Koordinaten x', y', z' zeitlich ändern, sondern wegen der Drehung des bewegten Koordinatensystems auch $\boldsymbol{i}, \boldsymbol{j}, \boldsymbol{k}$. Die Geschwindigkeit $\boldsymbol{v}'$ von P für einen mit dem starren Körper mitbewegten Beobachter ist

$$\boldsymbol{v}' = \frac{dx'}{dt}\boldsymbol{i} + \frac{dy'}{dt}\boldsymbol{j} + \frac{dz'}{dt}\boldsymbol{k}.$$

Beachtet man die Gleichungen (§ 5; 8) für die Ableitungen der Vektoren $\boldsymbol{i}, \boldsymbol{j}, \boldsymbol{k}$ nach der Zeit, so ergibt sich für die vollständige zeitliche Ableitung von $\boldsymbol{r}'$:

$$\frac{d\boldsymbol{r}'}{dt} = \boldsymbol{v}' + \boldsymbol{\omega} \times \boldsymbol{r}' \tag{4}$$

und daher wegen (3)

$$\boldsymbol{v} = \boldsymbol{v}_0 + \boldsymbol{\omega} \times \boldsymbol{r}' + \boldsymbol{v}' . \tag{5}$$

Um die Beschleunigung $\boldsymbol{b}$ zu erhalten, differenzieren wir diese Gleichung nochmals nach der Zeit:

$$\boldsymbol{b} = \frac{d\boldsymbol{v}_0}{dt} + \boldsymbol{\omega} \times \frac{d\boldsymbol{r}'}{dt} + \frac{d\boldsymbol{\omega}}{dt} \times \boldsymbol{r}' + \frac{d\boldsymbol{v}'}{dt} . \tag{6}$$

Genauso wie bei der Differentiation von $\boldsymbol{r}'$ ergibt sich

$$\frac{d\boldsymbol{v}'}{dt} = \boldsymbol{b}' + \boldsymbol{\omega} \times \boldsymbol{v}' . \tag{7}$$

Darin bedeutet $\boldsymbol{b}'$ den Beschleunigungsvektor für einen mit dem starren Körper mitbewegten Beobachter, der die Einheitsvektoren $\boldsymbol{i}, \boldsymbol{j}, \boldsymbol{k}$ als konstant ansieht. Setzt man (4) und (7) in (6) ein und führt für die Beschleunigung des Punktes O die Bezeichnung $\boldsymbol{b}_0 = \frac{d\boldsymbol{v}_0}{dt}$ ein, so erhält man:

$$\boldsymbol{b} = \boldsymbol{b}_0 + \boldsymbol{b}' + 2\boldsymbol{\omega} \times \boldsymbol{v}' + \boldsymbol{\omega} \times [\boldsymbol{\omega} \times \boldsymbol{r}'] + \left[\frac{d\boldsymbol{\omega}}{dt} \times \boldsymbol{r}'\right] . \tag{8}$$

Wir betrachten einige Spezialfälle dieser allgemeinen Formel. Dreht sich der bewegte Körper nicht, ist also $\boldsymbol{\omega} = 0$, so erhalten wir

$$\boldsymbol{b} = \boldsymbol{b}_0 + \boldsymbol{b}' . \tag{9}$$

Die Gesamtbeschleunigung ist in diesem Fall gleich der Vektorsumme aus der Relativbeschleunigung $\boldsymbol{b}'$, die der mitbewegte Beobachter mißt, und der Beschleunigung des Koordinatenursprungs O.

Wenn der Bezugspunkt O des bewegten Koordinatensystems ruht und der Drehvektor $\boldsymbol{\omega}$ konstant ist, erhält man

$$\boldsymbol{b} = \boldsymbol{b}' + 2\boldsymbol{\omega} \times \boldsymbol{v}' + \boldsymbol{\omega} \times [\boldsymbol{\omega} \times \boldsymbol{r}'] . \tag{10}$$

Der zweite Vektor senkrecht zu $\boldsymbol{\omega}$ und zu $\boldsymbol{v}'$ heißt die Coriolisbeschleunigung. Der dritte Summand ist die Zentripetalbeschleunigung eines Punktes, der im bewegten Koordinatensystem ruht und demnach eine Kreisbewegung in einer Ebene senkrecht zu $\boldsymbol{\omega}$ um die durch $\boldsymbol{\omega}$ gegebene Gerade durch den Ursprung vollführt. Man kann sich leicht davon überzeugen, daß $\boldsymbol{\omega} \times [\boldsymbol{\omega} \times \boldsymbol{r}']$ senkrecht zu $\boldsymbol{\omega}$ ist und dem Betrage nach gleich dem Quadrat der Winkelgeschwindigkeit $\omega = |\boldsymbol{\omega}|$ mal dem Abstand von der Drehachse (vgl. § 3; 10).

Als Anwendung dieser Ergebnisse wollen wir die Fallbewegung auf der sich drehenden Erde behandeln. Wenn man den Luftwiderstand vernachlässigen kann, erfährt der Mittelpunkt einer frei fallenden Kugel auf der Erde eine Beschleunigung $\boldsymbol{g}_0$, die zum Erdmittelpunkt M hin gerichtet ist. Das gilt jedoch nur für einen Beobachter, der relativ zum Fixsternhimmel ruht, d. h. in (8) ist $\boldsymbol{b} = \boldsymbol{g}_0$. Für die Beschleunigung $\boldsymbol{b}'$ relativ zur Erde ergibt sich aus (8) ein anderer Wert. Der Drehvektor $\boldsymbol{\omega}$ der Erde ist konstant. Also verschwindet das letzte Glied in (8). Die fallende Kugel soll zu Anfang ihrer Bewegung relativ zur Erde ruhen. Den Anfangspunkt der Bahn machen wir zum Ursprung O des bewegten Koordinatensystems. Dann ist $\boldsymbol{b}_0$ nicht gleich null, bewegt sich doch O auf einem Kreis um die Erdachse und mit der Erde um die Sonne. Man kann aber $\boldsymbol{g}_0$ mit dem gegen $\boldsymbol{g}_0$ kleinen Vektor $\boldsymbol{b}_0$ zusammenfassen zu einem Vektor $\boldsymbol{g} = \boldsymbol{g}_0 - \boldsymbol{b}_0$. Dann folgt aus (8) beim Auflösen nach $\boldsymbol{b}'$:

$$\boldsymbol{b}' = \boldsymbol{g} - 2\,\boldsymbol{\omega} \times \boldsymbol{v}' - \boldsymbol{\omega} \times [\boldsymbol{\omega} \times \boldsymbol{r}'] . \tag{11}$$

Der Vektor $\boldsymbol{g}$ ist die Beschleunigung, die ein im Ursprung O momentan ruhender Körper (d. h. $\boldsymbol{v}' = 0$ und $\boldsymbol{r}' = 0$) beim freien Fall für den mit der Erde mitbewegten Beobachter erfährt. Die Richtung von $\boldsymbol{g}$ nennt man auf der Erde die Vertikale.

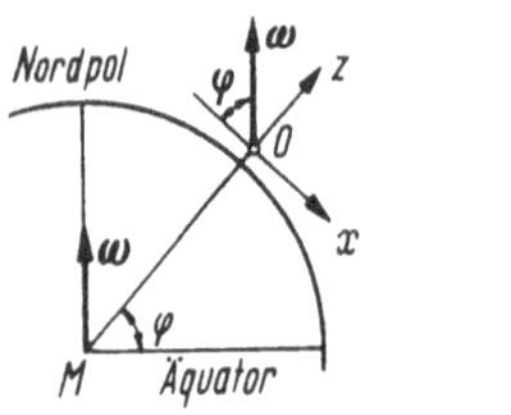

Abb. 8. Zur Fallbewegung auf der sich drehenden Erde.

Wir schreiben jetzt (11) in Komponenten aus. Die z-Achse des Koordinatensystems legen wir in die zu $\boldsymbol{g}$ entgegengesetzte Richtung, die x-Achse horizontal genau nach Süden (vgl. Abb. 8). Die y-Achse weist dann nach Osten. Da $\boldsymbol{\omega}$ parallel zur Erdachse ist, gilt unter der geographischen Breite φ für die Komponenten von $\boldsymbol{\omega}$:

$$\omega_x = -\,\omega \cos\varphi;\ \omega_y = 0;\ \omega_z = \omega \sin\varphi .$$

Die Komponenten von (11) lauten dann:

$$\left.\begin{aligned}\frac{d^2x'}{dt^2} &= 2\omega\sin\varphi\cdot\dot{y}' + \omega^2\sin\varphi(\sin\varphi\cdot x' + \cos\varphi\cdot z');\\ \frac{d^2y'}{dt^2} &= -2\omega(\sin\varphi\cdot\dot{x}' + \cos\varphi\cdot\dot{z}') + \omega^2 y';\\ \frac{d^2z'}{dt^2} &= -g + 2\omega\cos\varphi\cdot\dot{y}' + \omega^2\cos\varphi(\sin\varphi\cdot x' + \cos\varphi\cdot z').\end{aligned}\right\} \quad (12)$$

Eine strenge Integration dieser Differentialgleichungen für x', y' und z' ist schwierig. Der Einfluß der Erddrehung auf die Bewegung, welcher sich in den Gliedern mit ω und ω^2 äußert, ist aber gering. Daher liegt eine schrittweise Näherungslösung nahe.

In erster Näherung vernachlässigt man alle Glieder mit ω und ω^2. Unter Beachtung der Anfangsbedingung $x' = y' = z' = 0$ und $\dot{x}' = \dot{y}' = \dot{z}' = 0$ für $t = 0$ erhält man dann

$$x' = 0;\; y' = 0;\; z' = -\frac{g}{2}t^2.$$

In zweiter Näherung berücksichtigt man in (12) auf der rechten Seite alle Glieder proportional ω und setzt in diese für x', y' und z' das Resultat der ersten Näherung ein. Dann erhält man die Gleichungen

$$\frac{d^2x'}{dt^2} = 0;\; \frac{d^2y'}{dt^2} = 2\,\omega\cos\varphi\cdot gt;\; \frac{d^2z'}{dt^2} = -g\,.$$

Die Integration liefert nunmehr

$$x' = 0;\; y' = \frac{1}{3}\,\omega\cos\varphi\cdot gt^3;\; z' = -\frac{g}{2}\,t^2.$$

In dieser Näherung erhält man eine Abweichung der Fallbewegung von der Vertikalen in Richtung der y-Achse, also nach Osten. Sie rührt von der Coriolisbeschleunigung $2\boldsymbol{\omega}\times\boldsymbol{v}'$ während der Fallbewegung her. Ist h die durchfallene Höhe und T die Fallzeit, also $h = \frac{g}{2}T^2$, so beträgt die Ostabweichung w_0 am Boden

$$w_0 = \frac{2}{3}\cos\varphi\cdot\omega T\cdot h\,. \quad (13)$$

ωT ist der Winkel, um den sich die Erde während der Fallzeit T dreht, also eine sehr kleine Zahl. Die Ostabweichung der freien Fallbewegung von der Vertikalen ist nach (13) am Äquator am größten und verschwindet an den beiden Polen.

Benzenberg hat 1804 im Turm der Michaeliskirche in Hamburg erstmalig experimentell festgestellt, daß tatsächlich die freie Fallbewegung von der Vertikalen etwas nach Osten abweicht. Auf der Erde tritt also neben der konstanten Beschleunigung $\boldsymbol{g}$ ein von der Geschwindigkeit abhängiges Coriolisglied $2\boldsymbol{\omega} \times \boldsymbol{v}'$ auf, welches bei Umrechnung auf ein relativ zum Fixsternhimmel ruhendes Koordinatensystem in Fortfall kommt.

II. Statik

§ 7. Die Kraft als Grundbegriff

Die Statik beschäftigt sich mit den Kräften im Gleichgewicht, also in demjenigen Zustand, in welchem die Kräfte keine Bewegung hervorrufen. Bei der Definition der Kraft als Grundbegriff lassen wir uns von dem Gefühl der Muskelanstrengung leiten und gelangen so zu der folgenden ersten qualitativen Kennzeichnung: *1. Die Kraft ist eine Wirkung, die von einem Körper auf einen anderen ausgeübt wird. Zu ihrer Charakterisierung bedarf es einer Angabe über die Stärke dieser Wirkung, ihrer Richtung und des Punktes bzw. der Gesamtheit der Punkte, an denen sie angreift.* In Sonderfällen lassen sich diese Bestimmungsstücke der Kraft an dem Verhalten des Körpers, auf den die Kraft wirkt, unmittelbar ablesen. Betrachtet man z. B. eine Spiralfeder (vgl. Abb. 9) und einen an ihr befestigten dünnen Faden bis zur Stelle A, auf welchen der Rest des Fadens und die an ihm angreifende Hand eine Kraft ausüben, so ist der „Angriffspunkt" der Kraft die idealisierend als Punkt betrachtete kleine Fläche des Fadenquerschnittes bei A; die Richtung der Kraft wird von dem Faden angezeigt, der angenähert als Gerade betrachtet werden kann. Die Zunahme der Federlänge ist ein Maß für die Stärke der Kraft.

Nach diesen qualitativen Definitionen zum Kraftbegriff müssen wir nun festlegen, wann man Kräfte als gleich ansieht. Das liegt in diesem Fall auf der Hand: *2. Wenn ein Körper im Gleichgewicht unter der Wirkung verschiedener benachbarter Körper die gleiche Deformation erfährt, wirkt auf ihn die gleiche Kraft.* Wenn man an der in Abb. 9 betrachteten Spiralfeder die Hand durch irgendeinen Klotz ersetzt, so stellt sich bei vertikaler Lage des Fadens und einer gewissen Federlänge wieder Gleichgewicht ein. Ein Klotz übt also, ebenso wie die Hand bei Anspannung der

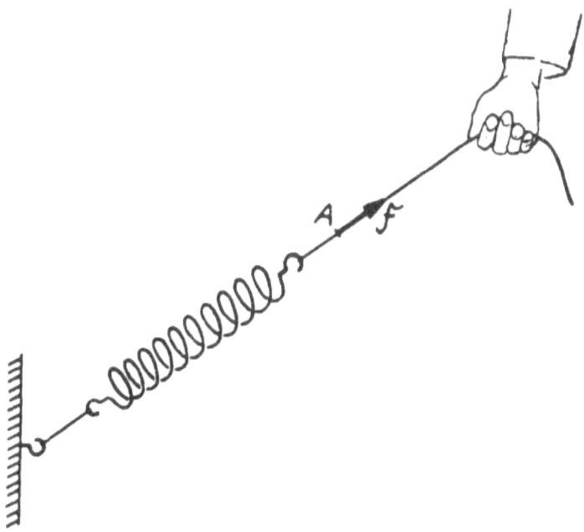

Abb. 9. Kraftmessung mit Hilfe einer Feder (Dynamometer).

Muskeln, auf den Faden und die Spiralfeder eine Kraft aus, und zwar in vertikaler Richtung. Diese Kraft nennt man im Sprachgebrauch des täglichen Lebens das Gewicht des Klotzes, eine Ausdrucksweise, die hier nur mit Vorbehalt und vorläufig benutzt werden soll, weil sie den falschen Eindruck erweckt, als sei das Gewicht eine Eigenschaft des betrachteten Körpers, während es in Wirklichkeit die Folge einer Einwirkung der Erde auf den Körper ist und nach Größe und Richtung nicht nur von dem betrachteten Körper, sondern auch noch vom Ort abhängt.

Mit solchen Gewichtskräften kann man nun weiter experimentieren und feststellen, daß mehrere gleich große Körper aus dem gleichen Material am gleichen Ort die gleichen Gewichtskräfte ausüben. Mit vielen solchen gleichen Gewichtsstücken kann man dann eine Kräfteskala herstellen. Ein Körper K_1 möge etwa bei Befestigung an der Spiralfeder im Gleichgewicht dieselbe Dehnung hervorrufen wie n gleiche Gewichtsstücke zusammen, ein Körper K_2 dagegen dieselbe wie m dieser Gewichtsstücke. Befestigt man beide Körper K_1 und K_2 zusammen an derselben Feder, so findet man im Gleichgewicht dieselbe Dehnung wie mit $(n + m)$ Gewichtsstücken. Daraus kann man schließen, daß sich die Gewichtskräfte zweier gemeinsam angehängter Körper addieren. Dementsprechend wird man als Verfahren zur Bestimmung des Verhältnisses zweier Kräfte festlegen: 3. *Die Gewichtskraft, die n gleiche Körper zusammen ausüben, verhält sich zu derjenigen von m solchen Körpern wie $n:m$.* Diese drei Teildefinitionen zusammen legen fest, wie man das Verhältnis beliebiger Kräfte bestimmt. Als Einheit der Kraft wird man zweckmäßig die Gewichtskraft eines bestimmten Körpers an einem festen Ort benutzen. Erfahrungsgemäß ist das Gewicht eines Körpers an verschiedenen Orten mit gleicher Fallbeschleunigung gleich. Deshalb hat man festgesetzt: Die Krafteinheit 1 Kilopond (1 kp) ist die Gewichtskraft des Normalkilogrammes, eines in Paris aufbewahrten Körpers aus Platin, an einem Ort, an welchem die Beschleunigung des freien Falles im luftleeren Raum den Normalwert $g_0 = 980{,}665\ \mathrm{cm/sek}^2$ besitzt. Im Ausland wird diese Krafteinheit vielfach noch als ein Kilogramm bezeichnet; das kann leicht zu Mißverständnissen führen, weil auf Grund eines Gesetzes in fast allen Ländern der Erde das Wort Kilogramm eine Masseneinheit bezeichnet, also eine Größe anderer Größenart.

Selbstverständlich gestattet das geschilderte Verfahren des Vergleiches von Kräften durch Messung der von ihnen hervorgerufenen Deformationen keinen absolut genauen Vergleich von Kräften. Das ist unbedenklich, solange man sich dessen bewußt bleibt und bei allen Aussagen über die

Eigenschaften der Kräfte die dementsprechende Genauigkeitsgrenze beachtet. Tatsächlich überschreiten wir aber diese Grenze erheblich und benutzen diese Begriffe auch im Bereich einzelner Atome. Das ist dadurch möglich, daß wir mit makroskopischen Experimenten und beschränkter Genauigkeit die Gesetze der Kräfte erforschen und sie dann versuchsweise über die Grenzen des erwiesenen Gültigkeitsbereiches hinaus extrapolieren.

§ 8. Kraft gleich Gegenkraft

Die Kraft, welche ein Körper K_1 auf einen zweiten K_2 ausübt, können wir mit Hilfe der Deformation von K_2 messen. Erfahrungsgemäß tritt dabei auch an K_1 eine Deformation auf, ein Zeichen, daß K_2 auf K_1 zurückwirkt. Wenn man beide Körper mit zwei gleichen Vorrichtungen zur Messung von Kräften ausrüstet, wie es in Abb. 10 angedeutet ist, so erscheint es uns selbstverständlich, daß an der Stelle A, wo die Körper aneinandergrenzen, die Fadenrichtung keinen Knick hat und daß die Dehnung der beiden gleichen Federn gleich ist. Etwas, was wir als selbstverständlich ansehen, ist in der Regel eine geläufige, jahrtausendealte Erfahrung. Wir konstatieren also als Erfahrungsgesetz für die Kräfte, die die beiden Körper an der Grenzfläche bei A aufeinander ausüben: Die Kraft, welche ein Körper auf einen zweiten ausübt, hat den gleichen Betrag und die entgegengesetzte Richtung wie diejenige Kraft, die der zweite auf den ersten ausübt.

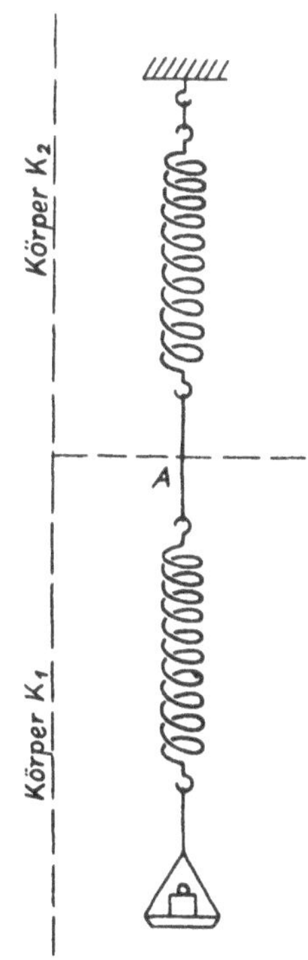

Abb. 10. Zur Gleichheit von Kraft und Gegenkraft.

Dieser Satz, den wir hier für spezielle Kräfte im Gleichgewicht feststellen, hat sich für beliebige Kräfte und Nichtgleichgewichtszustände als gültig herausgestellt. Das läßt sich zwar nicht immer direkt experimentell nachweisen, aber die mittelbaren Folgerungen aus diesem Gesetz haben sich an der Erfahrung bewährt. Dieses Gesetz wurde erstmalig von Newton ausgesprochen in der Form: Die Wirkung (actio) ist der Gegenwirkung (reactio) gleich.

§ 9. Addition von Kräften

Aus der Erfahrung entnehmen wir das folgende Gesetz: Wenn an einem Punkt A eines Körpers zwei Kräfte $\boldsymbol{F}_1$ und $\boldsymbol{F}_2$ angreifen, so sind diese gleichwertig einer resultierenden Kraft $\boldsymbol{F}_s$, die nach Größe und Richtung geometrisch aus den Einzelkräften nach der Konstruktion des „Parallelogramms der Kräfte“ folgt (vgl. Abb. 11). Die Seiten des Parallelo-

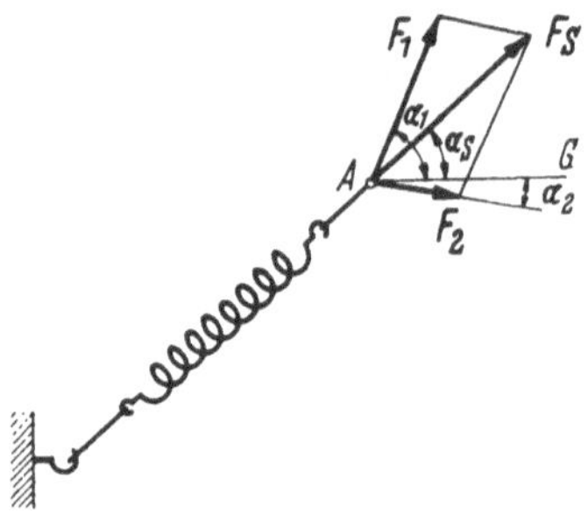

Abb. 11. Das Parallelogramm der Kräfte.

gramms haben die Richtungen der Kräfte. Ihre Längen stellen in irgendeinem Maßstab die Größe der Kräfte dar. Die Diagonale liefert im selben Maßstab die Größe der Resultanten. Ist F_1 die Größe der ersten Kraft und α_1 der Winkel ihrer Richtung mit irgendeiner Geraden G, so bezeichnet man $F_1 \cos \alpha_1$ als die Komponente von $\boldsymbol{F}_1$ in Richtung von G. Das Additionsgesetz läßt sich dann auch algebraisch folgendermaßen aussprechen: Die Komponente der Resultanten $\boldsymbol{F}_s$ in Richtung einer beliebigen Geraden G ist gleich der Summe der Komponenten der Einzelkräfte $\boldsymbol{F}_1$ und $\boldsymbol{F}_2$:

$$F_s \cos\alpha_s = F_1 \cos\alpha_1 + F_2 \cos\alpha_2 .$$

Diese Erfahrungsaussage ist gleichbedeutend mit dem Satz: Zwei Kräfte, die am gleichen Punkt angreifen, kann man addieren wie zwei Vektoren in Richtung der Kräfte, deren Beträge gleich der Größe der Kräfte sind. Die Gültigkeit dieses Gesetzes wurde schon vor 1600 von Stevin grundsätzlich erkannt und von Newton und Varignon 1687 klar ausgesprochen.

§ 10. Das Gleichgewicht der Kräfte

Wenn alle Teile eines Körpers in Ruhe sind und bleiben, sagt man, die Kräfte, die auf ihn wirken, befinden sich im Gleichgewicht. In diesem Zustand ist für einen bestimmten Körper an einem festen Ort die Summe der Kräfte, die die benachbarten Körper an seiner Oberfläche auf ihn ausüben, unabhängig von ihren Angriffspunkten konstant gleich der Reaktionskraft seines Gewichtes. Diesen experimentell gefundenen Tatbestand pflegt man aber stets in anderer Form auszusprechen. Man stellt sich vor, daß das Gewicht die Folge einer Kraft ist, die von außen auf den betrachteten Körper einwirkt. Zum Unterschied von den bisher betrachteten Kräften, die mit einer Feder gemessen werden können, greift diese nicht an der Oberfläche an, sondern wirkt als „Fernkraft" durchs Vakuum hindurch über größere Entfernungen. Setzt man diese Kraft, die Schwerkraft, dem Gewicht gleich, so gilt der Satz: Im Gleichgewicht ist die Vektorsumme aller Kräfte auf die verschiedenen Teile eines Körpers gleich null.

Dieses Vorgehen bedeutet eine Erweiterung des in § 7 eingeführten Kraftbegriffes um eine weitere, nicht durch das gleiche Meßverfahren zu erfassende Kraft, nämlich die Schwerkraft. Dadurch wird eine besonders einfache Form des Gleichgewichtssatzes erreicht. Dieses Verfahren wendet man in der Physik oft an. Wenn man den Einfluß von elektrisch geladenen oder magnetisierten Körpern aufeinander untersucht, findet man, daß die Summe aus der Schwerkraft und den an der Oberfläche angreifenden Kräften nicht verschwindet. Man schließt daraus aber nicht auf die Ungültigkeit des Gleichgewichtssatzes, sondern auf das Vorhandensein einer neuen Art von Fernkraft. Das hat sich als sehr zweckmäßig erwiesen. Wir wissen heute, daß die Kräfte, die zwei Körper bei Berührung an ihrer Oberfläche aufeinander ausüben, elektrische und magnetische Kräfte sind, die durchs Vakuum hindurch wirken, nur ändern sie sich mit der Entfernung sehr viel rascher als die Fernkräfte zwischen geladenen oder magnetisierten Körpern. Sie sind bereits in einem Abstand von 10^{-6} cm unmerklich klein. Das, was wir Berührung nennen, ist eine Annäherung auf so kleine Abstände, daß diese atomaren elektromagnetischen Kräfte kurzer Reichweite wirksam werden.

Diese Methode der Einführung neuer Kräfte mit Hilfe des Gleichgewichtssatzes hat aber auch ihre Problematik. Sie erfordert eigentlich eine Nachprüfung, ob alle diese Kräfte auch in allen Eigenschaften übereinstimmen. Wir wollen hier nicht diskutieren, wie weit das der Fall ist, sondern nur auf einen Punkt hinweisen. Der Satz über die Gleichheit von Kraft und Gegenkraft setzt voraus, daß jede Kraft von einem anderen Körper herrührt, an welchem die Gegenkraft angreift. Welcher Körper das ist, muß bei Fernkräften erst näher untersucht werden. Bei elektrischen und magnetischen Kräften kann man das in der Weise machen, daß man Lage, Ladung oder Magnetisierung der Körper in der Umgebung ändert. Aus der dabei auftretenden Änderung der Kräfte kann man dann auf ihren Ursprung schließen. Bei der Schwerkraft geht das nicht. Da sie auf der Erde überall nahezu auf den Erdmittelpunkt gerichtet ist, wird man annehmen, daß sie vom Erdkörper ausgeht, aber beweisen kann man das nicht. Wie wir in § 18 sehen werden, kann man tatsächlich einen kleinen Teil der Kraft, welche die Ursache der Gewichtskraft ist, nicht als Anziehungskraft der Erde deuten, sondern nur als Trägheitswirkung, die von der Rotation der Erde herrührt.

Zum Schluß sei noch bemerkt, daß der Begriff Ruhe und daher auch der Begriff Gleichgewicht nicht eindeutig festgelegt sind. Zwei Beobachter, die sich beschleunigt gegeneinander bewegen, z. B. ein irdischer und ein relativ zum Fixsternhimmel ruhender Beobachter, werden daher verschiedene Kräftesysteme als im Gleichgewicht befindlich ansprechen.

§ 11. Das Drehmoment

Unter dem Drehmoment $\boldsymbol{M}$ einer Kraft $\boldsymbol{F}$ in bezug auf den Punkt O versteht man das Vektorprodukt aus der Kraft $\boldsymbol{F}$ als zweitem Faktor und dem Ortsvektor $\boldsymbol{r}$ vom Bezugspunkt O zum Angriffspunkt der Kraft als erstem Faktor:

$$\boldsymbol{M} = \boldsymbol{r} \times \boldsymbol{F}. \tag{1}$$

Zu seiner Berechnung zerlegt man zweckmäßig den Vektor $\boldsymbol{r}$ in einen Vektor $\boldsymbol{r}_{\parallel}$ parallel zu $\boldsymbol{F}$ und einen zweiten $\boldsymbol{r}_{\perp}$ senkrecht zu ihm. Die Länge von $\boldsymbol{r}_{\perp}$, also das Lot vom Bezugspunkt O auf die Wirkungslinie der Kraft, heißt der Hebelarm

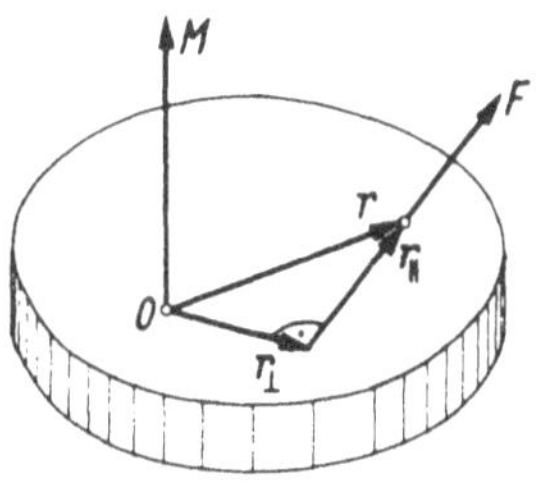

Abb. 12. Die Lage des Drehmomentvektors M.

der Kraft. Der Betrag des Drehmomentes ist gleich dem Produkt aus Kraft mal Hebelarm. Die Richtung von $\boldsymbol{M}$ ist senkrecht auf beiden (vgl. Abb. 12).

Für das Drehmoment gelten dieselben Sätze wie für die Kraft, nämlich:

1. Greifen an einem Punkt mehrere Kräfte an, so ergibt sich das gesamte Drehmoment durch vektorielle Addition der Drehmomente der einzelnen Kräfte.

2. Das Drehmoment der Kraft, welches ein Körper auf einen zweiten ausübt, ist entgegengesetzt gleich dem Drehmoment der Kraft des zweiten auf den ersten.

3. Im Gleichgewicht ist die Summe der Drehmomente aller Kräfte auf einen Körper gleich null. Bezeichnet man die Kräfte mit $\boldsymbol{F}_1, \boldsymbol{F}_2, \ldots \boldsymbol{F}_n$ und die Ortsvektoren vom Bezugspunkt zu den Angriffspunkten mit $\boldsymbol{r}_1, \boldsymbol{r}_2, \ldots \boldsymbol{r}_n$, so gilt:

$$\sum_{i=1}^{n} \boldsymbol{r}_i \times \boldsymbol{F}_i = 0. \tag{2}$$

Der erste Satz folgt aus dem Additionsgesetz der Kräfte und den Eigenschaften des Vektorproduktes. Die beiden anderen Sätze sind Erfahrungssätze.

Wenn alle Kräfte wie bei der Schwerkraft parallel sind und ihre Angriffspunkte mit dem Bezugspunkt zusammen in einer Ebene parallel zu den Kräften liegen, stehen alle Drehmomente senkrecht auf dieser Ebene. Dann gilt einfach: Die Summe der Produkte aus Kraft und Hebelarm aller Kräfte, deren Wirkungslinie auf der einen Seite am Bezugspunkt vorbeiläuft, ist im Gleichgewicht gleich der entsprechenden Summe auf der anderen Seite. In dieser Form war das Gesetz bereits Archimedes bekannt.

In der älteren Literatur finden sich zahlreiche Scheinbeweise für diesen Satz. Bei ihnen wird in verkappter Form ein scheinbar selbstverständlicher Erfahrungssatz hineingesteckt. Dieser Fehler wurde erst durch Ernst Mach in der zweiten Hälfte des vorigen Jahrhunderts aufgedeckt. In der neueren Literatur wird dieser Satz manchmal abgeleitet aus der Hypothese, daß der betrachtete Körper aus lauter Massenpunkten zusammengesetzt ist. Unter einem Massenpunkt versteht man einen Körper von so geringer Ausdehnung, daß seine Lage durch Angabe eines Punktes beschrieben werden kann, welcher zugleich Angriffspunkt aller auf ihn wirkenden Kräfte ist. Ferner wird angenommen, daß die

Kräfte zwischen zwei Massenpunkten parallel zu ihrer Verbindungslinie sind.

In einem System aus n Massenpunkten kann man die Kräfte auf den i-ten Massenpunkt unterteilen nach den Körpern, von denen sie herrühren. Es sei etwa $\boldsymbol{F}_{ik}$ die Kraft des k-ten Massenpunktes auf den i-ten und $\boldsymbol{F}_i$ die Summe aller Kräfte auf den i-ten Massenpunkt, welche von Körpern außerhalb des betrachteten Systems herrühren. Aus dem Kräftegleichgewicht folgt dann:

$$\boldsymbol{F}_i + \sum_{k=1}^{n} \boldsymbol{F}_{ik} = 0. \tag{3}$$

Die Kraft $\boldsymbol{F}_{ii}$ des i-ten Massenpunktes auf sich selbst ist darin gleich null zu setzen. Multipliziert man diese Gleichung vektoriell mit dem Ortsvektor $\boldsymbol{r}_i$ zum i-ten Massenpunkt und summiert über i, so ergibt sich

$$\sum_{i=1}^{n} \boldsymbol{r}_i \times \boldsymbol{F}_i + \sum_{i,k=1}^{n} \boldsymbol{r}_i \times \boldsymbol{F}_{ik} = 0. \tag{4}$$

In der zweiten Summe kann man die beiden Summanden mit den Kräften $\boldsymbol{F}_{ik}$ und $\boldsymbol{F}_{ki}$ zusammenfassen. Da diese nach dem Satz von Kraft und Gegenkraft entgegengesetzt gleich sind und nach Voraussetzung parallel zum Vektor $\boldsymbol{r}_i - \boldsymbol{r}_k$ zwischen den beiden Massenpunkten, erhält man

$$\boldsymbol{r}_i \times \boldsymbol{F}_{ik} + \boldsymbol{r}_k \times \boldsymbol{F}_{ki} = (\boldsymbol{r}_i - \boldsymbol{r}_k) \times \boldsymbol{F}_{ik} = 0. \tag{5}$$

Da somit die zweite Summe in (4) verschwindet, ergibt sich (2) aus (4).

Auch diese Überlegung kann man heute nicht mehr als Beweis anerkennen, weil die Körper nicht aus Massenpunkten bestehen. Die kleinsten Bausteine der Materie, Elektron, Proton und Neutron, haben ganz andere Eigenschaften als Massenpunkte. Manchmal verhalten sich die Atome wie Massenpunkte, aber nicht immer. Daher findet man gelegentlich auch an makroskopischen Körpern andere Erscheinungen als an einem System von Massenpunkten (vgl. § 17). Heutzutage müssen wir den Satz über das Momentengleichgewicht als einen Erfahrungssatz auffassen, der von dem entsprechenden Satz über die Kräfte unabhängig ist.

Die Sätze vom Gleichgewicht der Kräfte und Momente werden in der Technik sehr viel angewandt, z. B. zur Berechnung der Kräfte, mit denen ein Träger auf seine Befestigung einwirkt. Mit ihrer Hilfe kann man auch die inneren Kräfte in technischen Konstruktionsteilen berechnen; denn diese Sätze gelten nicht nur für den Körper als Ganzes, sondern auch für jedes Teilstück. Dabei wird oft ausgenutzt, daß die Summe der Drehmomente für jeden Bezugspunkt im Gleichgewicht verschwindet. Wählt man den Endpunkt des Vektors $\boldsymbol{a}$ zum Bezugspunkt, so beträgt die Summe der Drehmomente

$$\sum_{i=1}^{n} (\boldsymbol{r}_i - \boldsymbol{a}) \times \boldsymbol{F}_i = \sum_{i=1}^{n} [\boldsymbol{r}_i \times \boldsymbol{F}_i] - \boldsymbol{a} \times \sum_{i=1}^{n} \boldsymbol{F}_i = 0\,. \tag{6}$$

Der erste Summand verschwindet wegen (2), der zweite, weil die Summe aller Kräfte gleich null ist.

§ 12. Der Schwerpunkt

Bei der Berechnung des Drehmomentes der Schwerkräfte ist zu beachten, daß ihre Angriffspunkte über den ganzen Körper verteilt sind. Wir denken uns deshalb den Körper zerlegt in sehr viele, etwa n kleine Teilstücke von so geringer Ausdehnung, daß man die Unterschiede der verschiedenen Ortsvektoren im Volumen eines Teilstückes vernachlässigen kann. Der Betrag des Gewichtes des i-ten Teilstückes sei ΔG_i. Das Gesamtgewicht ist $G = \sum_{i=1}^{n} \Delta G_i$. Wenn der betrachtete Körper klein ist im Vergleich zum Erdkörper, ist die Richtung der Schwerkraft auf alle Teile des Körpers gleich. Ist $\boldsymbol{e}$ ein Einheitsvektor in Vertikalrichtung und $\boldsymbol{r}_i$ der Vektor vom Bezugspunkt zum i-ten Teilstück, dann ergibt sich für das Drehmoment der Schwerkräfte

$$\boldsymbol{M} = \sum_{i=1}^{n} \boldsymbol{r}_i \times \boldsymbol{e}\,\Delta G_i = \left(\sum_{i=1}^{n} \boldsymbol{r}_i \Delta G_i\right) \times \boldsymbol{e}\,. \tag{1}$$

Wir führen jetzt den Vektor

$$\boldsymbol{r}_s = \frac{1}{G} \sum_{i=1}^{n} \boldsymbol{r}_i \Delta G_i \tag{2}$$

ein. Seinen Endpunkt nennt man den Schwerpunkt des Körpers. Wenn man beachtet, daß $\boldsymbol{G} = G\boldsymbol{e}$ der Vektor des Gesamtgewichtes ist, so folgt

$$\boldsymbol{M} = G\boldsymbol{r}_s \times \boldsymbol{e} = \boldsymbol{r}_s \times \boldsymbol{G}\,. \tag{3}$$

Das Drehmoment der Schwerkräfte ist also identisch mit dem Moment einer dem Gesamtgewicht gleichen Kraft, die im Schwerpunkt des Körpers angreift.

Sieht man den Körper als ein Kontinuum an, so ist nach (2) jede Komponente von $\boldsymbol{r}_s$ ein dreifaches Integral. Ist γ das spezifische Gewicht und ΔV_i das Volumen des i-ten Teilstückes, so ist $\Delta G_i = \gamma \Delta V_i$. Für die x-Komponente von $\boldsymbol{r}_s$ folgt alsdann beim Grenzübergang zu unendlich kleinem Volumen aller Teilstücke

$$x_s = \frac{1}{G} \iiint_{\text{Volumen}} x \gamma \, dV. \tag{4}$$

Entsprechendes gilt für die anderen Komponenten.

Die Ermittlung des Drehmomentes der Schwerkräfte ist damit auf die Aufgabe zurückgeführt, die Lage des Schwerpunktes zu bestimmen. Das ist in vielen Fällen einfach wegen der Gültigkeit der folgenden Sätze:

1. Der Schwerpunkt eines starren Körpers ist ein körperfester Punkt. Verschiebt man nämlich alle Atome des Körpers um dieselbe gerichtete Strecke $\boldsymbol{a}$, so ändert sich nach (2) $\boldsymbol{r}_s$ um den Vektor

$$\frac{1}{G} \sum_{i=1}^{n} \boldsymbol{a} \Delta G_i = \boldsymbol{a},$$

also um dieselbe Strecke. Bei einer Drehung des Körpers dreht sich der Schwerpunkt desgleichen mit dem Körper mit. Denn bei Benutzung eines körperfesten Koordinatensystems ist solch eine Drehung nur einer Änderung der Richtung von $\boldsymbol{e}$ gleichwertig, und dieser Vektor kommt in (2) nicht vor. Man kann daher die Lage des Schwerpunktes bei beliebig geformten starren Körpern experimentell bestimmen, indem man sie nacheinander an verschiedenen Punkten aufhängt und zur Ruhe kommen läßt. Dann muß jedes Mal das Drehmoment der Schwerkräfte in bezug auf den Aufhängepunkt verschwinden, d. h. der Schwerpunkt liegt dann auf der körperfesten, vertikalen Geraden durch den Aufhängepunkt.

2. Besteht ein Körper aus zwei Teilstücken mit den Gewichten G_1 und G_2, deren Teilschwerpunkte die Ortsvektoren $\boldsymbol{r}_{s1}$ und $\boldsymbol{r}_{s2}$ haben, so gilt

$$\boldsymbol{r}_s = \frac{G_1 \boldsymbol{r}_{s1} + G_2 \boldsymbol{r}_{s2}}{G_1 + G_2}\,. \tag{5}$$

Der Beweis folgt leicht aus (2). Daraus folgt sofort der weitere Satz:

3. Ist ein Körper spiegelsymmetrisch zu einer Ebene, so liegt der Schwerpunkt auf der Symmetrieebene. Denn wenn man die beiden Teile rechts und links von der Spiegelebene als die soeben betrachteten Teilstücke ansieht, ist $G_1 = G_2$, und die Endpunkte von $\boldsymbol{r}_{s1}$ und $\boldsymbol{r}_{s2}$ liegen spiegelsymmetrisch zu der Symmetrieebene. Aus (5) folgt dann

$$\boldsymbol{r}_s = \frac{1}{2}(\boldsymbol{r}_{s1} + \boldsymbol{r}_{s2})\,. \tag{6}$$

$\boldsymbol{r}_s$ ist also das arithmetische Mittel von $\boldsymbol{r}_{s1}$ und $\boldsymbol{r}_{s2}$ und weist daher zu einem Punkt der Symmetrieebene. Ebenso folgt, daß der Schwerpunkt von rotationssymmetrischen Körpern auf der Rotationsachse liegt. Diese Sätze genügen, um die Lage des Schwerpunktes von vielen Körpern wie z. B. von homogenen Kugeln, Quadern und Kreiszylindern zu bestimmen.

§ 13. Die Waage

Als Anwendungsbeispiel der Ergebnisse der vorigen Paragraphen wollen wir die Empfindlichkeit der gleicharmigen Präzisionswaage berechnen. Bei ihr ruht der Waagebalken (Gewicht G) auf einer Mittelschneide A in der Symmetrieebene und trägt zwei Seitenschneiden B_1 und B_2 im Abstand $2\,L$ voneinander, an denen die Waageschalen mit den zu wägenden Körpern und den Gewichten hängen. Die Ebene durch die beiden Seitenschneiden möge den Abstand s_1 von der Mittelschneide haben. Der Schwerpunkt S des Waagebalkens möge auf der Symmetrieebene im Abstand s_2 von der Mittelschneide liegen (vgl. Abb. 13). Die eine Waage-

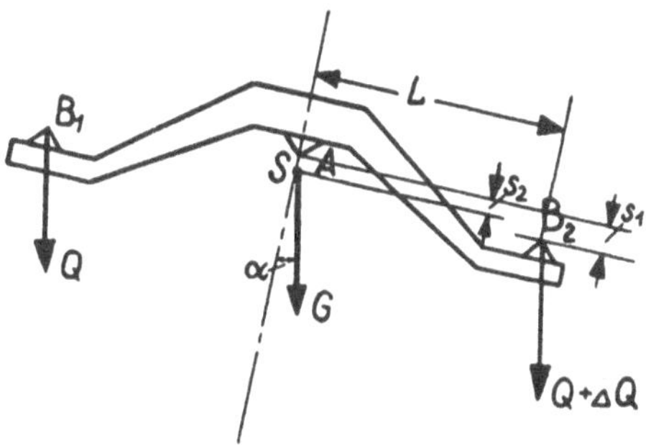

Abb. 13. Gleichgewicht am Waagebalken.

schale mit Last soll das Gewicht Q besitzen, die andere das etwas größere Gewicht $Q + \Delta Q$. Als Empfindlichkeit definiert man den Quotienten aus dem kleinen Ausschlagswinkel α und dem Übergewicht ΔQ. Da von den Kräften auf den Waagebalken nur die der Mittelschneide unbekannt ist, wählen wir als Bezugspunkt einen Punkt auf ihr. Wir setzen die Summe der Komponenten der Drehmomente in Richtung der Mittelschneide gleich null. Das ergibt:

$$Q\,(L\cos\alpha + s_1\sin\alpha) + G s_2 \sin\alpha - (Q + \Delta Q)\,(L\cos\alpha - s_1\sin\alpha) = 0\,. \qquad (1)$$

Für kleine α ist $\cos\alpha \approx 1$, $\sin\alpha \approx \alpha$. Vernachlässigt man das Produkt von ΔQ und α als klein gegen die anderen Größen, so erhält man

$$\frac{\alpha}{\Delta Q} = \frac{L}{2\,Q s_1 + G s_2}\,. \tag{2}$$

Eine große Empfindlichkeit erreicht man also, wenn man den Waagebalken L lang macht. Großes L bewirkt aber zugleich eine störend große Schwingungsdauer. Man zieht es deshalb heute vor, L nicht groß zu machen, dafür aber s_1 und s_2 klein. Es ist aber zu beachten, daß sich der Waagebalken mit zunehmender Last Q durchbiegt. s_1 und s_2 wachsen ungefähr linear mit Q. Der Nenner in (2) ist also eine quadratische Funktion von Q. Macht man s_1 bei der unbelasteten Waage schwach negativ, so kann man erreichen, daß das Minimum des Nenners in Abhängigkeit von Q, also die größte Empfindlichkeit, gerade in der Mitte des Belastungsbereiches liegt, für den man die Waage gebaut hat.

III. Dynamik

§ 14. Die Masse

Die Dynamik befaßt sich mit dem Zusammenhang zwischen den Kräften und Bewegungen. Alle Gesetze der Dynamik sind äußerlich gekennzeichnet durch das Auftreten eines neuen Grundbegriffes, der Masse. Merkwürdigerweise wird sie durch zwei verschiedene Meßverfahren definiert, von denen das eine die Schwerkraft, das andere die Trägheit der Körper zur Messung ausnutzt. Zunächst müssen wir deshalb zwei Größen Masse unterscheiden, die schwere Masse m_s und die träge Masse m_t.

Die Schwerkraft hat erfahrungsgemäß für alle Körper am gleichen Ort die gleiche Richtung. Die Größe und die Richtung der Schwerkraft auf ein und denselben Körper ändert sich jedoch mit dem Ort, aber für alle Körper in der gleichen Weise, d. h. das Verhältnis der Schwerkräfte auf zwei Körper am gleichen Ort ist unabhängig vom Ort. Die Schwerkraft $\boldsymbol{G}$ auf irgendeinen Körper läßt sich daher schreiben als Produkt aus einem skalaren, nur von dem Körper abhängigen Faktor, seiner schweren Masse m_s, mal einem vektoriellen, nur vom Ort abhängigen Faktor $\boldsymbol{f}$, der Schwerefeldstärke:

$$\boldsymbol{G} = m_s \boldsymbol{f}. \qquad (1)$$

In Worten lautet also die Definition von m_s: Die schwere Masse eines Körpers ist eine Eigenschaft des Körpers, die bei einer räumlichen Verschiebung ohne sonstige Zustandsänderungen konstant bleibt. Das Verhältnis der schweren Massen zweier Körper ist gleich dem Verhältnis ihrer Schwerkräfte am gleichen Ort.

Nebenbei sei bemerkt, daß man in ähnlicher Weise in der Elektrostatik die Ladung definiert. Der ganze obige Absatz bleibt richtig, wenn man das Wort Schwerkraft durch „elektrische Kraft“ (auf ruhende geladene Körper), das Wort schwere Masse durch „elektrische Ladung“ und das Wort Schwerefeldstärke durch „elektrische Feldstärke“ ersetzt.

Unter der Trägheit der Körper versteht man die Erscheinung, daß eine Geschwindigkeitsänderung nur durch die Einwirkung von Kräften hervorgebracht werden kann. Bei gleicher Beschleunigung sind die erforderlichen Kräfte um so größer, je schwerer der Körper ist. Ähnlich wie die Schwerkraft kann man auch die Kraft $\boldsymbol{F}$, die einem Körper bei der Geschwindigkeit $\boldsymbol{v}$ die Beschleunigung $\boldsymbol{b}$ erteilt, als Produkt schreiben aus einem skalaren, nur vom Körper abhängigen Faktor, der trägen Masse m_t, mal einem vektoriellen, nur von $\boldsymbol{v}$ und $\boldsymbol{b}$ abhängigen Faktor $B(\boldsymbol{v}, \boldsymbol{b})$

$$\boldsymbol{F} = m_t \cdot B(\boldsymbol{v}, \boldsymbol{b}). \qquad (2)$$

In Worten lautet also die Definition von m_t: Die träge Masse m_t eines Körpers ist eine Eigenschaft des Körpers, die von seiner Geschwindigkeit und Beschleunigung unabhängig ist. Das Verhältnis der trägen Massen zweier Körper ist gleich dem Verhältnis der Kräfte, die bei beiden bei der gleichen Geschwindigkeit die gleiche Beschleunigung hervorrufen. Die in (2) vorkommende Funktion $B(\boldsymbol{v}, \boldsymbol{b})$ ist bei kleinen Geschwindigkeiten unabhängig von $\boldsymbol{v}$ proportional zu $\boldsymbol{b}$. Darauf soll nachher näher eingegangen werden.

Merkwürdigerweise ist das Verhältnis der schweren zur trägen Masse bei allen Körpern gleich. Das folgt aus der Erfahrungstatsache, daß alle Körper bei freiem Fall im Vakuum am gleichen Ort die gleiche Beschleunigung erfahren. Beim freien Fall ist die Kraft $\boldsymbol{F}$ auf den Körper gleich der Schwerkraft $\boldsymbol{G}$, und daher gilt

$$m_s \boldsymbol{f} = m_t B(\boldsymbol{v}, \boldsymbol{b}) .$$

Da $B(\boldsymbol{v}, \boldsymbol{b})$ bei kleinem v proportional zu $\boldsymbol{b}$ ist, folgt daraus, daß bei der reibungslosen Fallbewegung die Beschleunigung proportional m_s/m_t ist. Wenn dieser Quotient für verschiedene Körper verschieden wäre, müßte das auch von ihren Fallbeschleunigungen gelten. Mathematische Pendel gleicher Länge aus verschiedenen Körpern müßten dann auch verschiedene Schwingungsdauern haben (vgl. § 20). Bereits Newton und später Bessel haben festgestellt, daß das nicht der Fall ist. Die genaueste experimentelle Nachprüfung dieser Tatsache führte in neuester Zeit Eötvös aus (vgl. § 18). Daraus ist zu schließen, daß die Schwere und die Trägheit eines Körpers von derselben physikalischen Eigenschaft Masse herrührt. Unter Verfügung über einen der beiden universellen Faktoren, welche die obigen Definitionen der schweren und der trägen Masse unbestimmt lassen, kann man deshalb die beiden Größen m_s und m_t eines Körpers gleich setzen:

$$m_s = m_t . \tag{3}$$

Als Einheit der Masse benutzt man das Kilogramm (1 kg), welches gleich der Masse eines in Paris aufbewahrten Körpers aus Platin, des sog. Normalkilogramms ist. 1 kg ist nahezu gleich der Masse von 1000 cm^3 destillierten Wassers bei 4^0 Cels.

Die wichtigste Eigenschaft der Masse ist ihre Additivität: Die Masse eines Körpers ist gleich der Summe der Massen ihrer Teile. Da sich bei einer chemischen Reaktion oder bei der Änderung des Aggregatzustandes nur die Anordnung der Atombausteine ändert, bleibt infolgedessen bei diesen Prozessen die Summe der Massen aller beteiligten Körper konstant. Aus der Relativitätstheorie ergab sich jedoch die Erkenntnis, daß das nicht streng richtig ist. Die Abweichungen der Massen von der Additivität sind jedoch so gering, daß sie direkt durch Wägung an makroskopischen Körpern nicht festgestellt werden können; nur bei Kernprozessen lassen sie sich indirekt durch genauen Massenvergleich der Atomkerne nachweisen.

§ 15. Das Newtonsche Bewegungsgesetz

Wenn sich alle Teile eines Körpers mit gleicher Geschwindigkeit und Beschleunigung bewegen, ist erfahrungsgemäß bei nicht zu hohen Geschwindigkeiten die Beschleunigung nach Größe und Richtung der Summe $\boldsymbol{F}$ aller auf ihn wirkenden Kräfte proportional. Das heißt, die im vorigen Paragraph erklärte, für alle Körper gleiche Funktion $B(\boldsymbol{v}, \boldsymbol{b})$ ist proportional dem Beschleunigungsvektor, oder

$$\boldsymbol{F} = m \cdot \delta \cdot \boldsymbol{b}\,. \tag{1}$$

Da δ ein universeller Faktor ist, folgt seine Größe aus einem speziellen Versuch. Es möge etwa das Normalkilogramm an einem Ort mit der Beschleunigung $g_0 = 9{,}80665$ m/sek² im Vakuum frei fallen. Dann ist $|\boldsymbol{F}| = 1$ Kilopond. Also folgt:

$$\delta = \frac{|\boldsymbol{F}|}{m\,|\boldsymbol{b}|} = \frac{1\ \text{Kilopond}}{1\ \text{Kilogramm} \cdot 9{,}80665\ \text{m/sek}^2} = \frac{1}{9{,}80665}\,\frac{\text{kp sek}^2}{\text{kg m}}\,. \tag{2}$$

δ ist demnach eine benannte Größe, keine Zahl. Man erkennt jetzt, wie zweckmäßig es war, bei der Definition der Krafteinheit 1 kp und der Masseneinheit 1 kg denselben Normalkörper heranzuziehen und bei der Festlegung des Ortes, an dem das Normalkilogramm durch sein Gewicht die Kraft 1 kp realisiert, nicht einen bestimmten geographischen Platz festzulegen, sondern den Wert der Fallbeschleunigung g_0 an dieser Stelle. Das hat zur Folge, daß der Zahlenwert der Größe δ in den oben angegebenen Einheiten definitionsgemäß festgelegt ist. Das macht man in der Physik oft. In der Elektrizitätslehre wird ebenso die Ladungseinheit 1 Coulomb durch Verfügen über den Zahlenwert der Induktionskonstanten μ_0 festgelegt.

Da das obige Bewegungsgesetz sehr oft benutzt wird, ist das Auftreten des Faktors δ lästig. Man kann ihn auf zwei verschiedene Weisen beseitigen und gelangt dadurch zu zwei verschiedenen Begriffssystemen.

a) Im physikalischen Begriffssystem wird über den unbestimmten Faktor bei der Definition der Kraft so verfügt, daß δ in der Bewegungsgleichung nicht mehr auftritt, mit anderen Worten: Unter Kraft wird die Größe

$$\boldsymbol{F}_{\text{phys}} = \frac{1}{\delta}\boldsymbol{F} \tag{3}$$

verstanden. $\boldsymbol{F}_{\text{phys}}$ nennt man gelegentlich auch „dynamisches" Kraftmaß, im Gegensatz zu $\boldsymbol{F}$, dem „statischen" Kraftmaß. Selbstverständlich genügt die Größe $\boldsymbol{F}_{\text{phys}}$ auch den Definitionen von § 7. Sie hat die Größenart Masse · Länge/Zeit². Die wichtigsten Einheiten dieser Größenart haben eigene Namen:

$$1\,\text{g}\cdot\text{cm/sek}^2 = 1\,\text{dyn}$$

und $$1\,\text{kg}\cdot\text{m/sek}^2 = 10^5\,\text{dyn} = 1\,\text{Newton}.$$

Wenn $|\boldsymbol{F}| = 1$ Kilopond ist, hat $|\boldsymbol{F}_{\text{phys}}|$ die Größe

$$|\boldsymbol{F}_{\text{phys}}| = \frac{1}{\delta}\cdot 1\,\text{kp} = 9{,}80665\,\text{Newton}.$$

Man kann nicht sagen, daß 1 kp und 9,80665 Newton gleich seien, denn üblicherweise werden die Größenarten von $\boldsymbol{F}$ und $\boldsymbol{F}_{\text{phys}}$ als verschieden betrachtet. Das in § 7 angegebene Verfahren zur Ermittlung der Kraft kann man leicht so abändern, daß es unmittelbar die physikalische Kraftgröße $\boldsymbol{F}_{\text{phys}}$ liefert, nämlich durch die folgende Festsetzung über die Einheit: Die Schwerkraft auf das Normalkilogramm am Ort mit der Normalfallbeschleunigung ist gleich 9,80665 Newton (nicht 1 Kilopond).

b) Im technischen Begriffssystem wird über den unbestimmten Faktor bei der Definition der Masse geeignet verfügt, d. h. unter Masse wird die Größe

$$m_{\text{techn}} = \delta\cdot m \tag{4}$$

verstanden. m_{techn} genügt auch den Definitionen von § 14. Es hat die Größenart Kraft · Zeit²/Länge. Man kann m_{techn}

auch als Quotient aus dem Betrage des Gewichtes G und der Fallbeschleunigung g am gleichen Ort erklären:

$$m_{\text{techn}} = \frac{G}{g}. \tag{5}$$

Das wird in der technischen Literatur in der Regel gemacht. Ja, man ersetzt sogar in den Formeln m_{techn} durch diesen Quotienten, so daß in ihnen die Masse gar nicht mehr vorkommt. Diese Schreibweise ist nicht sehr sinnvoll, weil sie oft den physikalischen Inhalt der Formeln verschleiert und soll deshalb hier nicht benutzt werden.

In den beiden Fällen verschwindet δ aus dem Newtonschen Gesetz. (1). Es nimmt die Gestalt an:

$$\boldsymbol{F}_{\text{phys}} = m \cdot \boldsymbol{b} \text{ oder } \boldsymbol{F} = m_{\text{techn}} \cdot \boldsymbol{b}.$$

Läßt man die Indizes fort, so lautet es in beiden Fällen

$$\boldsymbol{F} = m\boldsymbol{b}, \tag{6}$$

und so wollen wir es im folgenden stets schreiben. Wir lassen also offen, ob $\boldsymbol{F}$ die bisher mit $\boldsymbol{F}_{\text{phys}}$ bezeichnete physikalische Kraft bedeutet und m den in § 14 definierten Grundbegriff Masse oder ob $\boldsymbol{F}$ der Grundbegriff Kraft und m die technische Masse m_{techn} bedeutet.

Das Newtonsche Bewegungsgesetz ist hiernach ein Erfahrungsgesetz, welches die drei unabhängig voneinander meßbaren Größen Kraft, Masse und Beschleunigung miteinander verknüpft. Gelegentlich wird es, im Gegensatz dazu, als eine Definition der Kraft hingestellt. Das entspricht heute sicher nicht mehr der allgemein üblichen Auffassung. Unter Masse und Beschleunigung eines Körpers und somit auch unter ihrem Produkt $m\boldsymbol{b}$ verstehen wir Größen, die den Zustand eines Körpers kennzeichnen; die Kraft dagegen ist eine Wirkung eines Körpers auf einen anderen. Deshalb sagen wir auch, ein Körper „hat" eine Masse und „hat" in jedem Augenblick seiner Bewegung eine Beschleunigung, aber wir sagen nicht, daß er eine Kraft hat, sondern daß eine Kraft auf ihn wirkt. Ferner hat jeder Punkt eines Körpers relativ zu einem anderen Körper in einem Moment nur eine Beschleunigung, aber trotzdem können mehrere Kräfte zugleich auf ihn wirken. Diese allgemein üblichen

Aussagen wären sinnlos, wenn wir definitionsgemäß die Kraft mit dem Produkt $m\boldsymbol{b}$ identifizieren würden.

Nach der Relativitätstheorie und in Übereinstimmung mit der Erfahrung gilt bei hohen Geschwindigkeiten das Gesetz (6) nicht mehr, sondern statt dessen

$$\boldsymbol{F}_{\text{phys}} = m \frac{d}{dt} \left(\frac{\boldsymbol{v}}{\sqrt{1 - v^2/c^2}} \right). \tag{7}$$

D. h. bei Geschwindigkeiten, die mit der Lichtgeschwindigkeit c vergleichbar sind, ist die Funktion $B(\boldsymbol{v}, \boldsymbol{b})$ nicht mehr proportional zu $\boldsymbol{b}$.

Wenn definitionsgemäß $\boldsymbol{F}_{\text{phys}} = m\boldsymbol{b}$ wäre, könnte die Erfahrung nicht für hohe Geschwindigkeiten etwas anderes ergeben. Gelegentlich schreibt man das relativistische Bewegungsgesetz (7) auch

$$\boldsymbol{F}_{\text{phys}} = \frac{d}{dt} (m_{\text{rel}} \boldsymbol{v}), \tag{8}$$

wobei $m_{\text{rel}} = \frac{m}{\sqrt{1 - v^2/c^2}}$ als die relativistische, von der Geschwindigkeit abhängige Masse bezeichnet wird. Im Gegensatz dazu heißt die in § 14 definierte Masse m die Ruhemasse.

Im folgenden wollen wir uns stets auf Geschwindigkeiten beschränken, die klein gegen die Lichtgeschwindigkeit c sind und benutzen daher das Bewegungsgesetz ausschließlich in der Form (6).

§ 16. Der Impuls

Bisher haben wir nur solche Bewegungen betrachtet, bei denen alle Teile des betrachteten Körpers die gleiche Beschleunigung erfahren. Um auch Aussagen für kompliziertere Bewegungen machen zu können, untersuchen wir zunächst ein System von n Massenpunkten. Wir bezeichnen wie in § 11 mit $\boldsymbol{F}_{ik}$ die Kraft des k-ten Massenpunktes auf den i-ten und mit $\boldsymbol{F}_i$ die Summe aller Kräfte auf den i-ten Massenpunkt, welche von Körpern außerhalb des betrachteten Systems herrühren. Ist $\boldsymbol{r}_i$ der Ortsvektor zum i-ten Massenpunkt und Δm_i seine Masse, so lautet die Newtonsche Bewegungsgleichung für ihn

$$\ddot{\boldsymbol{r}}_i \Delta m_i = \boldsymbol{F}_i + \sum_{k=1}^{n} \boldsymbol{F}_{ik}. \tag{1}$$

Summiert man diese Gleichungen auch noch über i von 1 bis n, so heben sich die inneren Kräfte mit Doppelindizes paarweise fort, weil nach dem Satz von der Gleichheit von Kraft und Gegenkraft $\boldsymbol{F}_{ik} = -\boldsymbol{F}_{ki}$ ist. Also erhält man

$$\sum_{i=1}^{n} \ddot{\boldsymbol{r}}_i \Delta m_i = \sum_{i=1}^{n} \boldsymbol{F}_i. \tag{2}$$

Da die Massen Δm_i zeitlich konstant sind, ist die linke Seite gleich der zeitlichen Ableitung der Größe

$$\boldsymbol{P} = \sum_{i=1}^{n} \dot{\boldsymbol{r}}_i \Delta m_i. \tag{3}$$

Diese Größe nennt man den Impuls des Körpers. Sie steht in engem Zusammenhang mit der Geschwindigkeit des Schwerpunktes. Da die Gewichte den Massen proportional sind, gilt (nach § 12; 2) für den Ortsvektor $\boldsymbol{r}_s$ zum Schwerpunkt eines Körpers mit der Gesamtmasse m

$$\boldsymbol{r}_s = \frac{1}{m} \sum_{i=1}^{n} \boldsymbol{r}_i \Delta m_i. \tag{4}$$

Daraus folgt

$$\boldsymbol{P} = m \frac{d\boldsymbol{r}_s}{dt}. \tag{5}$$

Die Gleichung (2) läßt sich demnach auch in folgender Form schreiben:

$$\frac{d\boldsymbol{P}}{dt} = m \frac{d^2\boldsymbol{r}_s}{dt^2} = \sum_{i=1}^{n} \boldsymbol{F}_i. \tag{6}$$

Sie besagt: Die Ableitung des Impulses $\boldsymbol{P}$ nach der Zeit bzw. das Produkt aus der Gesamtmasse und der Beschleunigung des Schwerpunktes ist gleich der Summe der äußeren Kräfte auf den betrachteten Körper und unabhängig von den inneren Kräften zwischen seinen einzelnen Teilen. Ist die Summe der äußeren Kräfte gleich null, so ist der Impuls bzw. die Geschwindigkeit des Schwerpunktes konstant. Diese letzte Aussage nennt man auch den Satz von der Erhaltung des Impulses oder von der Erhaltung des Schwerpunktes. Der Satz gilt nicht nur für ein System von Massenpunkten, sondern hat sich als ein allgemein gültiges Naturgesetz erwiesen.

Als Anwendungsbeispiel betrachten wir den Stoßprozeß zwischen zwei Körpern mit den Massen m_1 und m_2, welche vor dem Zusammenstoß die Geschwindigkeiten $\mathfrak{v}_1$ und $\mathfrak{v}_2$ haben mögen. Wenn die Zeit der Wechselwirkung kurz ist, kann man die äußeren Kräfte vernachlässigen. Dann ist der Gesamtimpuls vorher und nachher gleich. Daraus ergibt sich für die Geschwindigkeiten $\mathfrak{v}_1'$ und $\mathfrak{v}_2'$ nach dem Stoß

$$m_1\mathfrak{v}_1' + m_2\mathfrak{v}_2' = m_1\mathfrak{v}_1 + m_2\mathfrak{v}_2 . \tag{7}$$

Als zweites Beispiel berechnen wir die Beschleunigung einer Rakete. In der kleinen Zeit Δt möge die Masse $\mu\Delta t$ mit der Geschwindigkeit v_0 relativ zum Raketenkörper nach hinten ausgestoßen werden. m sei die Masse der Rakete einschließlich Treibstoff zu Beginn der Zeit Δt. Die Geschwindigkeit der Rakete wollen wir v nennen. $\frac{dv}{dt}\Delta t$ ist ihre Zunahme in der Zeit Δt. Der Gesamtimpuls zu Beginn des Zeitintervalles Δt ist mv. Nachher hat die Masse $\mu\Delta t$ die Geschwindigkeit $(v - v_0)$, die Restmasse dagegen $v + \frac{dv}{dt}\Delta t$. Läßt man die Schwerkraft und den Luftwiderstand außer Betracht, so gilt also

$$mv = (m - \mu\Delta t)\left(v + \frac{dv}{dt}\Delta t\right) + \mu\Delta t \cdot (v - v_0) .$$

Durch Ausmultiplizieren und Division durch Δt ergibt sich nach Durchführung des Grenzüberganges $\Delta t \to 0$

$$\frac{dv}{dt} = \frac{\mu}{m} v_0 . \tag{8}$$

Beachtet man, daß $\frac{dm}{dt} = -\mu$ ist, so folgt als Integral bei konstantem v_0:

$$\frac{v}{v_0} = \ln \frac{m_0}{m(t)} . \tag{9}$$

Die Integrationskonstante m_0 bedeutet die Masse der Rakete samt Treibstoff beim Start, als $v = 0$ war. Berücksichtigt man die Schwerkraft als äußere Kraft, so ergibt sich bei vertikalem Aufstieg in ähnlicher Weise aus (6):

$$\frac{dv}{dt} = \frac{\mu}{m} v_0 - g\,. \tag{10}$$

Zur Beschleunigung durch den Treibstoff addiert sich einfach die Fallbeschleunigung g.

§ 17. Der Drehimpuls

Zunächst betrachten wir wieder ein System von n Massenpunkten. Wir multiplizieren die Bewegungsgleichung (§ 16; 1) für den i-ten Massenpunkt vektoriell mit seinem Ortsvektor $\boldsymbol{r}_i$ und summieren über alle i. Genauso wie in § 11 kann man zeigen, daß dann die Doppelsumme über alle inneren Kräfte $\boldsymbol{F}_{ik}$ fortfällt, weil $\boldsymbol{F}_{ik} = -\boldsymbol{F}_{ki}$ und parallel zum Verbindungsvektor $\boldsymbol{r}_i - \boldsymbol{r}_k$ zwischen den Massenpunkten ist. Also ergibt sich

$$\sum_{i=1}^{n} \boldsymbol{r}_i \times \ddot{\boldsymbol{r}}_i \Delta m_i = \sum_{i=1}^{n} \boldsymbol{r}_i \times \boldsymbol{F}_i\,. \tag{1}$$

Die linke Seite ist gleich der zeitlichen Ableitung der Größe

$$\boldsymbol{N} = \sum_{i=1}^{n} \boldsymbol{r}_i \times \boldsymbol{v}_i \Delta m_i\,. \tag{2}$$

Denn beim Differenzieren ergibt sich

$$\frac{d\boldsymbol{N}}{dt} = \sum_{i=1}^{n} \frac{d\boldsymbol{r}_i}{dt} \times \boldsymbol{v}_i \Delta m_i + \sum_{i=1}^{n} \boldsymbol{r}_i \times \frac{d\boldsymbol{v}_i}{dt} \Delta m_i\,.$$

Der erste Summand verschwindet, weil $\frac{d\boldsymbol{r}_i}{dt} = \boldsymbol{v}_i$ ist. Der zweite ist mit der linken Seite von (1) identisch. Also folgt

$$\frac{d\boldsymbol{N}}{dt} = \sum_{i=1}^{n} \boldsymbol{r}_i \times \boldsymbol{F}_i\,. \tag{3}$$

Den Vektor $\boldsymbol{N}$ nennt man den Drehimpuls des Körpers. Man erhält also für ein System von Massenpunkten den Satz: Die zeitliche Änderung des Drehimpulses ist gleich der Summe der Drehmomente der äußeren Kräfte und unabhängig von den inneren Kräften. Wenn die Drehmomente aller äußeren Kräfte verschwinden, ist der Drehimpuls konstant.

Dieser Satz wird von der Erfahrung nicht für alle Körper bestätigt, jedenfalls dann nicht, wenn man unter N den Ausdruck (2) versteht. Das bedeutet, es können nicht alle Körper als Systeme von Massenpunkten aufgefaßt werden. Man kann in diesem Fall aber ähnlich vorgehen wie beim Kräftegleichgewicht (§ 9). Man erweitert den Begriff Drehimpuls, d. h. man fügt zu dem Ausdruck (2) einen weiteren Summanden hinzu, so daß die Gültigkeit des Satzes (3) erhalten bleibt. Man untersucht dann experimentell, wie der neue Anteil des Drehimpulses von den anderen Zustandsgrößen des Körpers abhängt. Auf diese Weise ist man im Prinzip bei den kleinsten Atombausteinen, dem Elektron, Proton und Neutron, zu dem Begriff des Spindrehimpulses gelangt. Wir wollen aber hier auf diese Größe nicht näher eingehen, weil die mechanischen Gesetze der atomaren Partikel wesentlich komplizierter sind als die hier betrachteten Gesetze makroskopischer Körper. Aus der Atomtheorie ergibt sich jedoch, daß auch für makroskopische Körper beim Vorhandensein einer Magnetisierung das Bewegungsgesetz (3) nur dann richtig sein kann, wenn man zu dem Ausdruck (2) für N einen Summanden N_{magn} hinzufügt, welcher der Magnetisierung proportional ist. Das ist durch die sogenannten gyromagnetischen Experimente an makroskopischen Körpern bestätigt worden. Der Quotient aus N_{magn} und dem Vektor des magnetischen Momentes heißt gyromagnetisches Verhältnis und ist eine Materialkonstante.

Der Drehimpulsanteil N_{magn} entspricht keiner anderweitig feststellbaren Bewegung. Die Behauptung, daß er von inneratomaren Bewegungen herrührt, führt über den Bereich der physikalisch erwiesenen Tatsachen hinaus, denn sie enthält eine Aussage über die Struktur der Elektronen, die uns bis heute völlig unbekannt ist. Wir wollen im folgenden auf die gyromagnetischen Erscheinungen nicht eingehen und werden deshalb (2) und (3) als gültig voraussetzen. Das Vorhandensein der Größe N_{magn} wurde hier nur erwähnt, um begrifflich klarzumachen, daß die obige Berechnung keinen allgemein gültigen Beweis für den Drehimpulssatz (3) darstellt, sondern nur ein Weg ist, die Gültigkeit eines solchen Satzes plausibel zu machen. Im Grunde definiert man heute den Drehimpuls $\boldsymbol{N}$ mit Hilfe des Satzes (3). In den meisten Fällen gibt (2) den Zusammenhang zwischen Drehimpuls und den anderen Zustandsgrößen richtig wieder.

Im Drehimpulssatz müssen Drehimpuls und Drehmoment auf denselben ruhenden Punkt bezogen werden. Der Satz gilt nicht für einen bewegten Bezugspunkt, es sei denn, man legt ihn in den Schwerpunkt. In bezug auf den Schwerpunkt beträgt der Drehimpuls bei Abwesenheit von $\boldsymbol{N}_{\text{magn}}$

$$\boldsymbol{N}_s = \sum_{i=1}^{n} (\boldsymbol{r}_i - \boldsymbol{r}_s) \times \boldsymbol{v}_i \Delta m_i . \tag{4}$$

Beachtet man (2) und (§ 16; 3), so ergibt sich daraus

$$\boldsymbol{N}_s = \boldsymbol{N} - \boldsymbol{r}_s \times \boldsymbol{P}. \tag{5}$$

$$\frac{d\boldsymbol{N}_s}{dt} = \frac{d\boldsymbol{N}}{dt} - \boldsymbol{r}_s \times \frac{d\boldsymbol{P}}{dt} - \frac{d\boldsymbol{r}_s}{dt} \times \boldsymbol{P} . \tag{6}$$

Da nach (§ 16; 5) $\boldsymbol{P}$ parallel $\frac{d\boldsymbol{r}_s}{dt}$ ist, verschwindet der letzte Summand. Also gilt wegen (3) und (§ 16; 6)

$$\frac{d\boldsymbol{N}_s}{dt} = \sum_{i=1}^{n} \boldsymbol{r}_i \times \boldsymbol{F}_i - \boldsymbol{r}_s \times \sum_{i=1}^{n} \boldsymbol{F}_i = \sum_{i=1}^{n} (\boldsymbol{r}_i - \boldsymbol{r}_s) \times \boldsymbol{F}_i . \tag{7}$$

Jetzt steht rechts tatsächlich die Summe der Drehmomente der äußeren Kräfte in bezug auf den jeweiligen Schwerpunkt.

Die Größe des Drehimpulses $\boldsymbol{N}_s$ in bezug auf den Schwerpunkt hängt nur von der Bewegung der verschiedenen Teile des Körpers relativ zum Schwerpunkt ab. Nach (§ 16; 4) ist nämlich

$$\sum_{i=1}^{n} (\boldsymbol{r}_i - \boldsymbol{r}_s) \Delta m_i = 0 . \tag{8}$$

Multipliziert man diese Gleichung vektoriell mit $\boldsymbol{v}_s$ und subtrahiert sie von (4), so ergibt sich der Ausdruck

$$\boldsymbol{N}_s = \sum_{i=1}^{n} (\boldsymbol{r}_i - \boldsymbol{r}_s) \times (\boldsymbol{v}_i - \boldsymbol{v}_s) \Delta m_i , \tag{9}$$

in welchem nur noch die Relativgeschwindigkeiten $\boldsymbol{v}_i - \boldsymbol{v}_s$ vorkommen.

Wenn $\boldsymbol{r}_s$ und $\boldsymbol{v}_s$ nicht den Vektor zum Schwerpunkt und seine Geschwindigkeit bedeuten, sondern Ortsvektor und Geschwindigkeit eines beliebigen Punktes, dann ist der obige Ausdruck (9) im allgemeinen verschieden von (4). Die zeitliche Ableitung von (9) ist, zum Unterschied von (4), auch dann noch gleich dem Drehmoment der Kräfte in bezug auf den Endpunkt von $\boldsymbol{r}_s$, wenn sich dieser Punkt mit konstanter Geschwindigkeit bewegt, also $\frac{d\boldsymbol{v}_s}{dt} = 0$ ist, denn die Formel (9) bedeutet dann den Drehimpuls für einen Beobachter, der den Endpunkt von $\boldsymbol{r}_s$ für ruhend hält. Ein Übergang von einem Koordinatensystem zu einem dagegen mit konstanter Geschwindigkeit bewegten Koordinatensystem läßt die Bewegungsgleichung ungeändert und daher auch alle daraus folgenden Sätze.

§ 18. Das Gravitationsgesetz

Aus den Keplerschen Gesetzen haben wir die Aussage abgeleitet, daß die Mittelpunkte aller Planeten eine Beschleunigung erfahren, welche zur Sonne hin gerichtet und umgekehrt proportional zum Quadrat ihres Abstandes von der Sonne ist. Wenn wir diese Erfahrungstatsache kombinieren mit dem aus irdischen Experimenten folgenden Bewegungsgesetz $\boldsymbol{F} = m\boldsymbol{b}$, gelangen wir zu der Aussage: Die Sonne übt auf alle Planeten eine anziehende Kraft aus, welche den Massen der Planeten direkt und dem Quadrat ihrer Abstände von der Sonne umgekehrt proportional ist. Aus der Gleichheit von Kraft und Gegenkraft schließen wir weiter: Auch die Planeten üben auf die Sonne Kräfte aus. Diese sind den Planetenmassen proportional, von der Sonne zu den Planeten gerichtet und umgekehrt proportional den Quadraten der Abstände der Sonne von den Planeten.

Es liegt nahe, dieses Gesetz zu verallgemeinern. Wenn die Erde auf die Sonne eine Kraft ausübt, wird sie vermutlich auch auf andere Körper einwirken, und das konstatieren wir in der Tat. Auf der Erde nennen wir diese Kraft die Schwerkraft. Sie ist nicht nur der Masse des Erdkörpers proportional, sondern auch der Masse des Körpers, auf den sie wirkt, denn die Gewichte der irdischen Körper sind ihren Massen proportional. Wenn wir nun dies Gesetz wiederum verallgemeinern, kommen wir zu dem Newtonschen Gravitationsgesetz:

Zwei Körper üben aufeinander eine anziehende Kraft aus, welche in Richtung ihrer Verbindungslinie wirkt und ihren Massen proportional, dem Quadrat ihres Abstandes umgekehrt proportional ist. Für den Betrag dieser Kraft gilt also

$$F = \varkappa \frac{m_1 m_2}{r^2}. \tag{1}$$

Darin bedeutet $\varkappa$ eine universelle Konstante, die Gravitationskonstante. Dabei haben wir stillschweigend vorausgesetzt, daß die Ausdehnung der Körper klein ist gegen ihren Abstand. Für die Schwerkraft der Erde gilt das bei Versuchen auf der Erdoberfläche nicht. In diesem Falle kann man sich den Erdkörper in viele kleine Teile zerlegt denken und die Gesamtkraft als Summe der Kräfte aller Teilstücke berechnen. Dann ergibt sich, daß die Kraft einer kugelsymmetrisch verteilten Masse in jedem Punkt außerhalb des Körpers unabhängig von der Verteilung der Massen über die verschiedenen Radien ist. Man kann also so rechnen, als ob die gesamte Masse im Kugelmittelpunkt vereinigt wäre. Das ist eine Folge der Proportionalität mit $1/r^2$. Bei jeder anderen Abhängigkeit der Kraft von der Entfernung gilt das nicht. Auf den mathematischen Beweis dieses Satzes wollen wir hier verzichten.

Die Richtigkeit des Gravitationsgesetzes läßt sich an der Bewegung des Mondes prüfen. Wenn wir die Kraft der Sonne auf den Mond gegenüber der Anziehung der Erde vernachlässigen, folgt aus (1) für die Beschleunigung des Mondes bei seiner Bewegung um die Erde:

$$b_{\text{Mond}} = \varkappa \frac{M}{r^2}. \tag{2}$$

Darin bedeutet M die Erdmasse und r den Abstand Erde—Mond. Dasselbe Gesetz gilt auch für einen Körper, der in der Nähe der Erde frei fällt. Ist g die Fallbeschleunigung an der Erdoberfläche und R der Erdradius, so folgt also

$$g = \varkappa \frac{M}{R^2}. \tag{3}$$

Division beider Gleichungen liefert

$$\frac{b_{\text{Mond}}}{g} = \frac{R^2}{r^2}. \tag{4}$$

In dieser Gleichung sind alle Größen bekannt. Die Fallbeschleunigung beträgt im Mittel über die verschiedenen Punkte der Erde etwa $g_0 = 9{,}81\ \text{m/sek}^2$. Die Mondentfernung ist ziemlich genau gleich 60 Erdradien. Da der Mond nahezu eine Kreisbahn beschreibt, ist seine Beschleunigung nach (§ 3; 10)

$$b_{\text{Mond}} = \omega^2 r.$$

Die Winkelgeschwindigkeit ω des Mondes ist gleich 2π dividiert durch die Umlaufszeit T; also folgt

$$b_{\text{Mond}} = 4\pi^2 \frac{r}{T^2}. \tag{5}$$

Die Umlaufszeit T darf man aber nicht mit der Zeit T_0 von einem Neumond bis zum nächsten gleichsetzen. Wenn wir die schwache Neigung zwischen Mondbahn und Erdbahn vernachlässigen, liegt bei Neumond der Mond gerade auf der Verbindungslinie Erde—Sonne. Ist α der Winkel, den der Strahl Erde—Sonne in der Zeit T_0 beschreibt, so folgt aus Abb. 14 unmittelbar die Relation

$$\frac{T}{T_0} = \frac{2\pi}{2\pi + \alpha}.$$

Andererseits verhält sich α zu 2π wie T_0 zur Jahreslänge J Also folgt:

$$\frac{T}{T_0} = \frac{1}{1 + T_0/J}.$$

Aus der mittleren Länge der Mondperiode $T_0 = 29{,}5$ Tage ergibt sich demnach für die Dauer des „siderischen“ Monats $T = 27{,}2$ Tage. Damit folgt aus (5) mit Benutzung des Wertes $r = 60\ R = 60 \cdot 6370$ km

$$b_{\text{Mond}} = 2{,}73 \cdot 10^{-3}\ \text{m/sek}^2.$$

Aus (4) folgt zum Vergleich

$$b_{\text{Mond}} = 2{,}72 \cdot 10^{-3}\ \text{m/sek}^2.$$

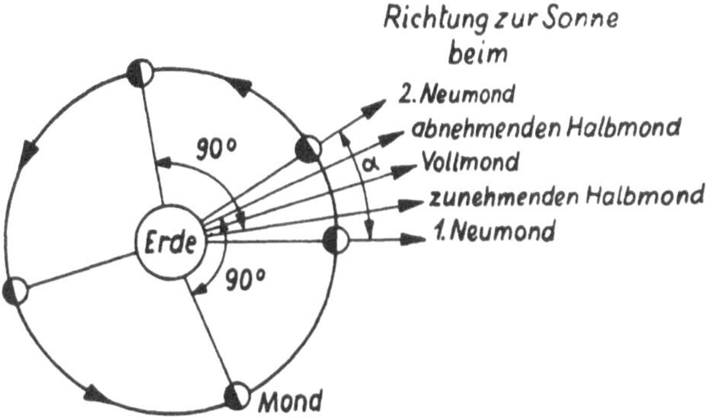

Abb. 14. Mondbewegung und Mondphasen zwischen zwei Neumonden.

Die Differenz zwischen beiden Ergebnissen liegt zum Teil an der Ungenauigkeit der benutzten Zahlenwerte. Eine weitere Fehlerquelle liegt darin, daß wir unter Vernachlässigung des Einflusses der Erddrehung in (4) für die Fallbeschleunigung g einfach den Wert g_0 eingesetzt haben, den ein relativ zur Erde ruhender Beobachter im Mittel mißt. Streng genommen ist dagegen g gleich der Beschleunigung eines an der Erdoberfläche frei fallenden Körpers relativ zu einem Koordinatensystem, dessen Achsen nach den Fixsternen orientiert sind, also die Erddrehung nicht mitmachen. Der Unterschied zwischen g und g_0 beträgt etwa 1% und soll hier nicht berechnet werden.

Um der begrifflichen Klarheit willen soll aber ein anderer Unterschied erörtert werden, der eng damit zusammenhängt, nämlich derjenige zwischen der Größe, die man auf der Erde als Schwerkraft bezeichnet, und der Kraft, welche nach dem Gravitationsgesetz von der Erde auf alle Körper ausgeübt wird. Die Aussagen der Keplerschen Gesetze, aus denen durch Verallgemeinerung das Gravitationsgesetz gewonnen wird, gelten für einen Beobachter, für den der Fixsternhimmel ruht. Für ihn vollführt ein relativ zur Erde ruhender Körper eine Kreisbewegung um die Erdachse. Ist $\boldsymbol{\omega}$ der Drehvektor der Erde und $\boldsymbol{r}'$ der Ortsvektor eines solchen Körpers vom Erdmittelpunkt aus, so ist seine Beschleunigung nach (§ 6; 10) $\boldsymbol{b} = \boldsymbol{\omega} \times [\boldsymbol{\omega} \times \boldsymbol{r}']$. Auf ihn wirken zwei Kräfte, nämlich erstens die Anziehungskraft $m\boldsymbol{g}$ des Erdkörpers und zweitens die Kraft seiner irdischen Unterlage, welche mit $-\boldsymbol{G}$ bezeichnet werden soll. Dann bedeutet $\boldsymbol{G}$ gerade die Kraft, welche man auf der Erde als Gewicht mißt. Die Bewegungsgleichung des auf der Erde ruhenden Körpers lautet also

$$m\boldsymbol{\omega} \times [\boldsymbol{\omega} \times \boldsymbol{r}'] = m\boldsymbol{g} - \boldsymbol{G}$$

oder nach dem Auflösen nach $\boldsymbol{G}$:

$$\boldsymbol{G} = m\boldsymbol{g} - m\boldsymbol{\omega} \times [\boldsymbol{\omega} \times \boldsymbol{r}']. \tag{6}$$

Das Gewicht $\boldsymbol{G}$ hat demnach zwei Ursachen. Die erste ist die Anziehungskraft der Erde, die zweite eine Trägheitswirkung des Körpers selbst infolge der Erdrotation. Daß diese zweite Kraft nicht von der Erde ausgeht, erkennt man äußerlich schon daran, daß sie nach (6) mit wachsendem Abstand von der Erdachse unbegrenzt anwächst.

Daraus ergibt sich eine Möglichkeit, die Gleichheit von schwerer und träger Masse mit großer Präzision festzustellen (vgl. § 14). Im ersten Summanden von (6) bedeutet nämlich m die schwere Masse, welche auch im Gravitationsgesetz (1) vorkommt, im zweiten dagegen die träge Masse, welche im Newtonschen Bewegungsgesetz enthalten ist. Wenn das Verhältnis beider Massen bei verschiedenen Körpern verschieden wäre, müßte die Richtung der Gewichtskraft $\boldsymbol{G}$ an Orten, wo $\boldsymbol{g}$ und $\boldsymbol{\omega} \times [\boldsymbol{\omega} \times \boldsymbol{r}']$ nicht parallel sind, für verschiedene Körper verschieden sein. Solche Richtungsunterschiede lassen sich an einer Drehwaage mit sehr großer Präzision feststellen. Auf diese Weise fand Eötvös, daß der relative Unterschied zwischen der schweren und trägen Masse verschiedener Körper kleiner als 10^{-8} ist.

§ 19. Das Zwei-Körper-Problem

Das Zwei-Körper-Problem behandelt die Bewegung der Schwerpunkte zweier Körper unter der Wirkung der Kraft $\boldsymbol{F}_{12}$

zwischen ihnen, ohne äußere Kräfte. Sind $\boldsymbol{r}_1$ und $\boldsymbol{r}_2$ die Ortsvektoren der Schwerpunkte der Körper, so gilt

$$m_1 \frac{d^2 \boldsymbol{r}_1}{dt^2} = \boldsymbol{F}_{12} \tag{1}$$

und

$$m_2 \frac{d^2 \boldsymbol{r}_2}{dt^2} = \boldsymbol{F}_{21} = -\boldsymbol{F}_{12}\,. \tag{2}$$

Addition beider Gleichungen ergibt den Impulssatz

$$\frac{d}{dt}(m_1 \boldsymbol{v}_1 + m_2 \boldsymbol{v}_2) = 0\,. \tag{3}$$

Dividiert man die erste Gleichung durch m_1, die zweite durch m_2 und subtrahiert sie, so folgt

$$\frac{d^2}{dt^2}(\boldsymbol{r}_1 - \boldsymbol{r}_2) = \left(\frac{1}{m_1} + \frac{1}{m_2}\right) \boldsymbol{F}_{12}\,. \tag{4}$$

Man führt nun eine „reduzierte Masse" m_{red} ein durch die Gleichung

$$\frac{1}{m_{\mathrm{red}}} = \frac{1}{m_1} + \frac{1}{m_2} \quad \text{oder} \quad m_{\mathrm{red}} = \frac{m_1 m_2}{m_1 + m_2}\,. \tag{5}$$

Dann erhält man

$$m_{\mathrm{red}} \frac{d^2}{dt^2}(\boldsymbol{r}_1 - \boldsymbol{r}_2) = \boldsymbol{F}_{12}\,. \tag{6}$$

Diese Gleichung besagt: Die Bewegung des Körpers 1 relativ zum Körper 2 erfolgt so, als ob Körper 2 ruhen würde und die Masse des Körpers 1 den Wert m_{red} hätte.

Ein Beispiel mag die Wichtigkeit dieses Satzes erläutern. Wir betrachten die lineare Schwingung der Atome eines zweiatomigen Moleküls. $\boldsymbol{F}_{12}$ hat dann die Richtung von $\boldsymbol{r}_1 - \boldsymbol{r}_2$. Bei einem gewissen Abstand, dem Gleichgewichtsabstand a der Atome, verschwindet die Kraft $\boldsymbol{F}_{12}$. Bei kleinen Abweichungen vom Gleichgewichtsabstand ist die Kraft proportional der Abweichung und zur Gleichgewichtslage hin gerichtet. Nimmt man an, daß die Atome sich nur auf der gemeinsamen festen Geraden durch ihre Schwerpunkte bewegen und nicht umeinander kreisen, so erhält man aus (6) für die Änderung ihres Abstandes r

$$m_{\mathrm{red}} \frac{d^2 r}{dt^2} = -k(r - a)\,. \tag{7}$$

Die Proportionalitätskonstante k ist eine von den Atomen abhängige, unbekannte Konstante. Setzt man $r - a = s$, so stimmt (7) mit der in § 2 behandelten Schwingungsgleichung überein. Die Schwingungsfrequenz beträgt nach (§ 2; 12)

$$\omega = \sqrt{\frac{k}{m_{\text{red}}}}. \tag{8}$$

Daraus ergibt sich das Verhältnis der Schwingungsfrequenzen von Molekülen aus verschiedenen Isotopen der gleichen chemischen Elemente. Denn bei chemisch gleichen Atomen ist die Konstante k gleich, weil ihre Größe durch die Elektronenhülle bestimmt wird und nicht von der Masse der Kerne abhängt.

§ 20. Arbeit und Leistung

Zur Einführung der Begriffe Arbeit und Leistung betrachten wir zunächst eine einfache Parallelbewegung, bei welcher alle Punkte des betrachteten Körpers dieselbe Geschwindigkeit und Beschleunigung besitzen. Multipliziert man die Newtonsche Bewegungsgleichung

$$m \frac{d\boldsymbol{v}}{dt} = \boldsymbol{F} \tag{1}$$

skalar mit der Geschwindigkeit $\boldsymbol{v}$, so ergibt sich

$$m\boldsymbol{v} \cdot \frac{d\boldsymbol{v}}{dt} = \boldsymbol{F} \cdot \boldsymbol{v}. \tag{2}$$

Die linke Seite dieser Gleichung ist gleich der zeitlichen Ableitung der Größe $\frac{m}{2} v^2$, welche man die **kinetische Energie** des Körpers nennt. Das Produkt $\boldsymbol{F} \cdot \boldsymbol{v}$ nennt man die Leistung der Kraft $\boldsymbol{F}$. Somit erhalten wir:

$$\frac{d}{dt}\left(\frac{m}{2} v^2\right) = \boldsymbol{F} \cdot \boldsymbol{v}. \tag{3}$$

Die Ableitung der kinetischen Energie nach der Zeit ist gleich der Leistung der Kraft.

Integriert man diese Gleichung über ein Zeitintervall von t_0 bis t_1, so erhält man

$$\left(\frac{m}{2} v^2\right)_{t_1} - \left(\frac{m}{2} v^2\right)_{t_0} = \int_{t_0}^{t_1} \boldsymbol{F} \cdot \boldsymbol{v} \, dt \,. \tag{4}$$

Das Integral auf der rechten Seite wollen wir noch etwas umformen. Wir zerlegen zu diesem Zweck das Zeitintervall t_0 bis t_1 in viele kleine Teilintervalle. Im i-ten Intervall der Länge Δt_i kann man angenähert den Integranden ersetzen durch das skalare Produkt aus der Kraft $\boldsymbol{F}_i$ und der Geschwindigkeit $\boldsymbol{v}_i$ am Beginn des Intervalles. $\boldsymbol{v}_i \Delta t_i$ ist dann nahezu gleich dem Weg $\Delta \boldsymbol{r}_i$, den der Körper in der Zeit Δt_i zurücklegt. Wir erhalten also angenähert

$$\int_{t_0}^{t_1} \boldsymbol{F} \cdot \boldsymbol{v} dt \approx \sum_i \boldsymbol{F}_i \cdot \boldsymbol{v}_i \Delta t_i \approx \sum_i \boldsymbol{F}_i \cdot \Delta \boldsymbol{r}_i \,. \tag{5}$$

Diese Beziehung wird streng richtig, wenn man den Grenzübergang zu unbegrenzter Verfeinerung der Unterteilung durchführt, so daß alle Zeitintervalle Δt_i bzw. die Längen aller Wegintervalle $|\Delta \boldsymbol{r}_i|$ gegen null gehen. Den Grenzwert der Summe über die skalaren Produkte $\boldsymbol{F}_i \cdot \Delta \boldsymbol{r}_i$ auf der rechten Seite von (5) nennt man das Linienintegral der Kraft $\boldsymbol{F}$. Man schreibt folgendermaßen:

$$\lim_{\text{Alle}\,|\Delta r_i| \to 0} \sum_i \boldsymbol{F}_i \cdot \Delta \boldsymbol{r}_i = \int_{P_0}^{P_1} \boldsymbol{F} \cdot d\boldsymbol{r}. \tag{7}$$

Die Integrationsgrenzen P_0 und P_1 bezeichnen den Anfangs- und Endpunkt des Weges, über den das Linienintegral erstreckt wird. Das Linienintegral über die Kraft nennt man die Arbeit. In dem Sonderfall, daß der Weg geradlinig ist und die Kraft konstant, ist die Arbeit gleich dem Produkt aus dem Weg mal der Projektion des Vektors der Kraft auf die Richtung des Weges.

Wir erhalten also:

$$\left(\frac{m}{2} v^2\right)_{t_1} - \left(\frac{m}{2} v^2\right)_{t_0} = \int_{P_0}^{P_1} \boldsymbol{F} \cdot d\boldsymbol{r}. \tag{8}$$

Die Zunahme der kinetischen Energie in der Zeit von t_0 bis t_1 ist gleich der Arbeit der Kraft längs des in diesem Zeitabschnitt zurückgelegten Weges.

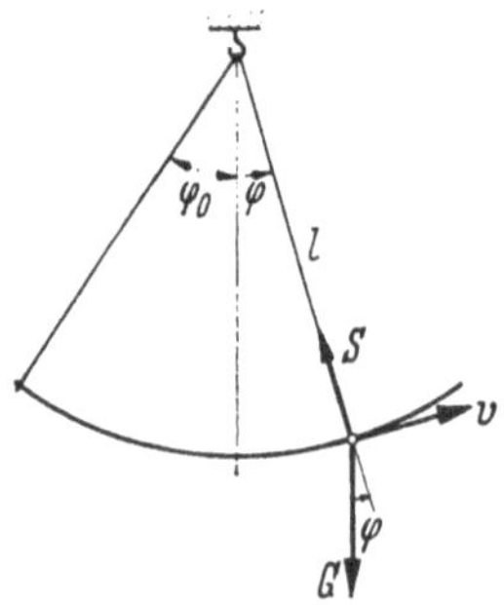

Abb. 15. Das ebene mathematische Pendel.

Als Anwendung dieser Überlegungen behandeln wir das ebene mathematische Pendel. Darunter versteht man einen Massenpunkt der Masse m, der an einem als unausdehnbar und masselos angenommenen Faden der Länge l hängt und in einer vertikalen Ebene auf einem Kreisbogen um seinen Aufhängepunkt pendelt. Praktisch ist solch ein Pendel natürlich nur angenähert zu verwirklichen. Die Kraft auf den Massenpunkt setzt sich zusammen aus der Seilspannung $\boldsymbol{S}$ und der Schwerkraft $\boldsymbol{G} = m\boldsymbol{g}$ (vgl. Abb. 15). Da $\boldsymbol{S}$ immer senkrecht auf der Geschwindigkeit steht, ist die Leistung $\boldsymbol{S} \cdot \boldsymbol{v}$ und daher auch die Arbeit der Fadenspannung immer gleich null. Den Winkel zwischen dem Faden und der Vertikalen wollen wir φ nennen. Der Winkel zwischen $\boldsymbol{G}$ und dem Geschwindigkeitsvektor bzw. der Tangente an den Weg ist dann $\frac{\pi}{2} + \varphi$. Die Arbeit bei einer Vergrößerung von φ um $\Delta\varphi$ beträgt

$$\Delta A = \boldsymbol{G} \cdot \Delta \boldsymbol{r} = -Gl \sin\varphi \Delta\varphi .$$

Wir wollen annehmen, daß die Bewegung zur Zeit $t = t_0$ bei dem Ausschlagswinkel $\varphi = -\varphi_0$ mit der Geschwindigkeit null beginnt. Dann folgt bei Anwendung von (8)

$$\left(\frac{m}{2} v^2\right)_t = \int_{t_0}^{t} \boldsymbol{G} \cdot d\boldsymbol{r} = -mgl \int_{-\varphi_0}^{\varphi} \sin\varphi \, d\varphi$$

$$= mgl\,(\cos\varphi - \cos\varphi_0)\,. \tag{9}$$

Beachtet man, daß $v = l\,\frac{d\varphi}{dt}$ ist, so ergibt sich daraus

$$\left(\frac{d\varphi}{dt}\right)^2 = \frac{2g}{l}\,(\cos\varphi - \cos\varphi_0)\,. \tag{10}$$

Damit ist die Winkelgeschwindigkeit $\frac{d\varphi}{dt}$ als Funktion des Winkels φ ermittelt. Im Prinzip ergibt sich daraus die ganze Bewegung nach der in § 2 erläuterten Methode. Durch Differentation nach der Zeit ergibt sich aus (10) die Bewegungsgleichung:

$$\frac{d^2\varphi}{dt^2} = -\frac{g}{l}\sin\varphi\,. \tag{11}$$

Ist $\varphi \ll 1$, so kann man angenähert $\sin\varphi \approx \varphi$ setzen und erhält

$$\frac{d^2\varphi}{dt^2} = -\frac{g}{l}\,\varphi\,. \tag{12}$$

Das ist die Gleichung für eine harmonische Schwingung (vgl. § 2) mit der Schwingungsfrequenz $\omega = \sqrt{\frac{g}{l}}$ und der Schwingungsdauer $T_0 = 2\pi\sqrt{\frac{l}{g}}$. (13)

§ 21. Die potentielle Energie

Häufig kann man die Arbeit der Kraft $\boldsymbol{F}$ berechnen, ohne den Bewegungsablauf zu kennen. Bei einer Bewegung auf vorgegebener Bahn wie beim mathematischen Pendel ist das immer dann möglich, wenn die Komponente der Kraft in Richtung des Weges nur vom Ort abhängt, nicht von der

Geschwindigkeit und der Zeit. In diesem Fall ist das Linienintegral der Kraft über die Bahnkurve von einem beliebigen, aber festen Punkt O an bis zu einem variablen Punkt P nur eine Funktion der Lage von P. Man kann dann auf der Bahnkurve eine Funktion V des Ortes definieren durch die Gleichung

$$V_{(P)} = -\int\limits_{O \text{ (längs der Bahn)}}^{P} \boldsymbol{F} \cdot d\boldsymbol{r}\,. \tag{1}$$

Diese Funktion heißt potentielle Energie. Bezeichnet man mit $F_{\parallel}$ die Komponente von $\boldsymbol{F}$ in Richtung der Bahntangente und mit s die Bogenlänge, so ist offenbar

$$V_{(P)} = -\int\limits_{O}^{P} F_{\parallel}(s)\,ds\,. \tag{2}$$

Daraus folgt durch Differentiation nach dem Wege:

Die Ableitung der potentiellen Energie nach der Bogenlänge ist gleich der negativen Tangentialkomponente der Kraft

$$\frac{dV}{ds} = -F_{\parallel}\,. \tag{3}$$

Das Linienintegral über $\boldsymbol{F}$ längs der Bahn von P_0 bis P_1 ist gleich der Differenz der potentiellen Energien in diesen Punkten, denn

$$\int\limits_{P_0}^{P_1} \boldsymbol{F} \cdot d\boldsymbol{r} = \int\limits_{O}^{P_1} \boldsymbol{F} \cdot d\boldsymbol{r} - \int\limits_{O}^{P_0} \boldsymbol{F} \cdot d\boldsymbol{r} = V_{(P_0)} - V_{(P_1)}\,. \tag{4}$$

Setzt man das in (§ 20; 8) ein, so erhält man

$$E = \left(\frac{m}{2} v^2 + V\right)_{\substack{\text{Punkt } P_0 \\ \text{bezw. Zeit } t_0}} = \left(\frac{m}{2} v^2 + V\right)_{\substack{\text{Punkt } P_1 \\ \text{bezw. Zeit } t_1}}. \tag{5}$$

Diese Gleichung besagt: Die Gesamtenergie E, das ist die Summe aus der kinetischen Energie $\frac{m}{2} v^2$ und der potentiellen Energie V, ist konstant. Das ist der Satz von der Erhaltung der Energie im Rahmen der Mechanik. Er ist nur bedingt gültig. Z. B. machen sich bei einer Bewegung an Schienen meist Reibungskräfte bemerkbar, deren Komponenten in Bahnrichtung nach Größe und Richtung von der Geschwindigkeit abhängig sind. Dann läßt sich keine potentielle Energie mehr definieren, weil weder (1) noch (3) durch eine nur vom Ort abhängige Funktion V zu befriedigen ist.

Als nächsten Schritt betrachten wir eine Bewegung im Raum, bei der alle Punkte des Körpers parallele Bahnen mit gleicher Geschwindigkeit und Beschleunigung durchlaufen. Wir fassen speziell die Bahn des Schwerpunktes ins Auge. Damit auch in diesem Fall eine potentielle Energie existiert, muß nicht nur $\boldsymbol{F}$ eine Funktion des Schwerpunktsortes sein, sondern außerdem muß das Linienintegral (1) über $\boldsymbol{F}$ eindeutig durch die Lage des Endpunktes P gegeben sein, muß also von dem Weg zwischen O und P unabhängig sein. Wenn eine Kraft nur vom Ort abhängig ist, sagt man, es liege ein Kraftfeld vor. Wenn in ihm das Linienintegral zwischen zwei Punkten nur von der Lage der Endpunkte, nicht vom Verbindungsweg dazwischen abhängt, nennt man das Kraftfeld konservativ.

In einem konservativen Kraftfeld wird also durch (1) die potentielle Energie V als eine Funktion des Ortes definiert. In ihm ist auch (4) gültig, denn wenn das Linienintegral nicht vom Wege abhängt, kann man zur Berechnung des Integrals von O nach P_1 willkürlich einen Weg von O über P_0 nach P_1 vorschreiben, und für diesen läuft dann die Überlegung genau so wie bei vorgegebener Bahn. Also gilt dann auch der Energiesatz (5) für jede derartige Bewegung im Raum.

Die Eigenschaften eines konservativen Kraftfeldes wollen wir noch näher untersuchen. In ihm gilt (3) für jede beliebige Linie, also auch für eine Gerade parallel zur x-Achse, auf der die Bogenlänge gleich x ist. Also folgt

$$\frac{\partial V}{\partial x} = -F_x \text{ und ebenso } \frac{\partial V}{\partial y} = -F_y, \frac{\partial V}{\partial z} = -F_z. \quad (6)$$

Die partiellen Ableitungen der potentiellen Energie nach x, y, z sind also gleich den negativen rechtwinkligen Komponenten F_x, F_y, F_z der Kraft. Diese drei Gleichungen schreibt man in der Vektoranalysis in Form der einen Vektorgleichung

$$\boldsymbol{F} = -\operatorname{grad} V\,. \tag{7}$$

Ohne Beweis sei erwähnt, daß $\boldsymbol{F}$ senkrecht steht auf den Flächen V = konstant und dem Betrage nach gleich der Ableitung der potentiellen Energie nach der Bogenlänge längs der Normalen auf diesen Flächen ist.

Aus der Vertauschbarkeit der partiellen Ableitungen folgt aus (6)

$$\frac{\partial F_z}{\partial y} - \frac{\partial F_y}{\partial z} = 0, \quad \frac{\partial F_x}{\partial z} - \frac{\partial F_z}{\partial x} = 0, \quad \frac{\partial F_y}{\partial x} - \frac{\partial F_x}{\partial y} = 0, \tag{8}$$

oder in vektoranalytischer Schreibweise

$$\operatorname{rot} \boldsymbol{F} = 0\,. \tag{9}$$

Wegen dieser Eigenschaft nennt man ein konservatives Kraftfeld auch wirbelfrei. Man kann auch umgekehrt zeigen, daß ein wirbelfreies Kraftfeld immer konservativ ist, d. h. wenn die Gleichungen (8) erfüllt sind, ist auch das Linienintegral vom Wege unabhängig. Auf den Beweis, den man mit Hilfe des Stokes'schen Integralsatzes der Vektoranalysis verhältnismäßig leicht erbringen kann, wollen wir hier verzichten.

Als Beispiel für die Anwendung des Energiesatzes betrachten wir die Bewegung im Schwerefeld unter Vernachlässigung der Luftreibung. In einem verglichen mit dem Erdradius kleinen Bereich kann man die Schwerkraft nach Größe und Richtung als konstant annehmen. Legt man die z-Achse in die Vertikalrichtung, so gilt dann

$$F_x = F_y = 0;\; F_z = -mg\,. \tag{10}$$

Die Bedingungsgleichungen (8) für ein konservatives Kraftfeld sind also erfüllt. Durch Integration von (6) erhält man

$$V = mg\,(z - z_0)\,. \tag{11}$$

Darin bedeutet z_0 die z-Koordinate des Punktes O, in welchem willkürlich die potentielle Energie gleich null gesetzt wird. Bei einer Bewegung im Schwerefeld ist also

$$\frac{m}{2} v^2 + mg\,(z - z_0) = \text{konstant}. \tag{12}$$

Diese Gleichung gilt auch bei Bewegungen auf vorgegebener Bahn, wenn die Kräfte der Schienen oder sonstigen Vorkehrungen zur Realisierung der Bahn senkrecht auf der Bahn stehen, so daß die Komponente der Kraft parallel zur Bahn nur von der Schwerkraft herrührt. Daher kommt es, daß (12) nach entsprechender Umrechnung der Buchstaben mit der Gleichung (§ 20; 9) für das mathematische Pendel identisch ist.

Auch beim freien Flug über sehr weite Entfernungen im Vergleich zum Erdradius existiert eine potentielle Energie. Nach dem Newtonschen Gravitationsgesetz ist die Anziehungskraft der Erde zum Erdmittelpunkt hin gerichtet und umgekehrt proportional zum Quadrat des Abstandes. Die Proportionalitätskonstante ergibt sich daraus, daß dicht an der Erdoberfläche, wenn also der Abstand r vom Erdmittelpunkt gleich dem Erdradius R ist, die Kraft gleich mg ist (g = Beschleunigung des freien Falls in Erdnähe für einen relativ zu den Fixsternen ruhenden Beobachter). Wendet man (3) auf einen Strahl durch den Erdmittelpunkt an, so folgt wegen $s = r$

$$\frac{dV}{dr} = mg\,\frac{R^2}{r^2}.$$

Legt man den Nullpunkt der potentiellen Energie ins Unendliche, so ergibt sich daraus durch Integration

$$V = -\,mg\,\frac{R^2}{r}. \tag{13}$$

Der Energiesatz lautet dann

$$\frac{m}{2} v^2 - mg\,\frac{R^2}{r} = \text{konstant}. \tag{14}$$

Wir wenden ihn an auf die Bewegung einer Rakete, welche nach Abschalten des Antriebes und Durchlaufen der Lufthülle, aber praktisch noch in großer Nähe der Erdoberfläche, die Geschwindigkeit v_e erreicht. Vor Abschalten des Antriebes ist der Energiesatz in der hier behandelten Form nicht anwendbar, weil die einzelnen Teile der Rakete dann keine Parallelbewegung machen. Der Treibstoff fliegt ja relativ zum Raketenrumpf hinten heraus. Berechnet man aus der angegebenen Anfangsbedingung in (14) die Konstante und löst nach v^2 auf, so erhält man

$$v^2 = v_e^2 - 2gR\left(1 - \frac{R}{r}\right). \tag{15}$$

Wenn der Raketenkörper andere Gestirne erreichen soll, muß die rechte Seite in (15) auch noch für sehr große Radien positiv bleiben, d. h. es muß $v_e^2 > 2\,gR$ sein. Die Minimalgeschwindigkeit, bei der das der Fall ist, beträgt

$$v_{\min} = \sqrt{2gR} = 11{,}2 \text{ km/sek.}$$

§ 22. Der Energiesatz für ein System von Massenpunkten

Um den Energiesatz auch auf kompliziertere Bewegungen anwenden zu können, betrachten wir nun ein allgemeines System von n Massenpunkten. Die seltenen Fälle, in denen die betrachteten Körper sich anders als ein solches System verhalten, lassen wir außer Betracht. Bei der im vorigen Paragraphen behandelten Parallelbewegung existiert eine potentielle Energie nach (§ 21; 6) nur dann, wenn die Komponenten der Gesamtkraft auf den betrachteten Körper als partielle Ableitungen der potentiellen Energie nach den Koordinaten des Schwerpunktes geschrieben werden können.

Wenn bei einem System von n Massenpunkten ein Energiesatz existiert, muß das entsprechende für jeden Massenpunkt gelten. Es muß also eine Funktion V geben, die von den Koordinaten sämtlicher Massenpunkte abhängen kann und deren Ableitungen nach den Komponenten des Ortsvektors $\boldsymbol{r}_i$ des i-ten Massenpunktes die negativen Komponenten der Gesamtkraft auf den i-ten Massenpunkt ergeben, also die äußeren und inneren Kräfte zusammen.

Wenn solch eine Funktion $V(\boldsymbol{r}_1, \boldsymbol{r}_2 \ldots \boldsymbol{r}_n)$ existiert, lautet die Bewegungsgleichung für den i-ten Massenpunkt

$$\ddot{\boldsymbol{r}}_i \Delta m_i = -\operatorname{grad}_i V(\boldsymbol{r}_1, \boldsymbol{r}_2 \ldots \boldsymbol{r}_n) . \tag{1}$$

Der Index i am Gradienten soll andeuten, daß nach den Koordinaten x_i, y_i, z_i von $\boldsymbol{r}_i$ zu differenzieren ist unter Konstanthaltung der anderen Koordinaten, die in V auch noch vorkommen. Skalare Multiplikation mit $\dot{\boldsymbol{r}}_i$ und Summation über i ergibt

$$\frac{d}{dt} \sum_{i=1}^{n} \frac{v_i^2}{2} \Delta m_i = -\sum_{i=1}^{n} \left(\frac{\partial V}{\partial x_i} \dot{x}_i + \frac{\partial V}{\partial y_i} \dot{y}_i + \frac{\partial V}{\partial z_i} \dot{z}_i \right) = -\frac{dV}{dt} . \tag{2}$$

Also lautet der Energiesatz

$$T + V = \text{konstant} = E , \tag{3}$$

wobei $T = \sum_i \frac{v_i^2}{2} \Delta m_i$ die kinetische Energie aller Massenpunkte ist und V die oben erklärte verallgemeinerte potentielle Energie, die in einem System aus n Massenpunkten eine Funktion von $3\,n$ Variablen ist.

Während bei der Bewegung eines Massenpunktes die Bedingung für die Existenz einer potentiellen Energie zu einem gegebenen Kraftfeld $\boldsymbol{F}(\boldsymbol{r})$ nur durch die eine Vektorgleichung (§ 21; 9) rot $\boldsymbol{F} = 0$ gebildet wird, treten bei einem System von n Massenpunkten viel mehr solche Bedingungsgleichungen auf. Wenn eine potentielle Energie vorhanden ist, gilt nach (1)

$$F_{xi} = -\frac{\partial V}{\partial x_i} , \quad F_{yi} = -\frac{\partial V}{\partial y_i} , \quad F_{zi} = -\frac{\partial V}{\partial z_i} . \tag{4}$$

Daher muß die Ableitung irgendeiner Kraftkomponente, z. B. von F_{xi}, nach irgendeiner anderen Koordinate, z. B. y_k, gleich der Ableitung von F_{yk} nach x_i sein:

$$\frac{\partial F_{xi}}{\partial y_k} = \frac{\partial F_{yk}}{\partial x_i} . \tag{5}$$

Die Zahl dieser Gleichungen ist offenbar $^1/_2\, 3n(3n-1)$. Man kann zeigen, daß diese Bedingungsgleichungen nicht nur notwendig, sondern auch hinreichend dafür sind, daß zu den $3n$ Funktionen F_{xi}, F_{yi}, F_{zi} der $3n$ Koordinaten x_i, y_i, z_i eine potentielle Energie existiert.

Wenn n in der Größenordnung der Atomzahl liegt, ist das eine ungeheure Anzahl von Bedingungsgleichungen. Trotzdem gibt es Fälle, wo sich leicht zeigen läßt, daß sie alle erfüllt sind, nämlich dann, wenn zwischen den Massenpunkten nur Kräfte in Richtung ihrer Verbindungslinie wirken, deren Größe allein von ihrem Abstand abhängt. Das ist z. B. der Fall beim Planetensystem, wenn man die Rotation der Planeten außer Betracht läßt. Aus dem Gravitationsgesetz (§ 18; 1) ergibt sich für 2 Planeten mit den Massen m_i und m_k im Abstand

$$r_{ik} = \sqrt{(x_i - x_k)^2 + (y_i - y_k)^2 + (z_i - z_k)^2} \qquad (6)$$

für die potentielle Energie der Ausdruck

$$V_{ik}(r_i, r_k) = -\varkappa \frac{m_i \cdot m_k}{r_{ik}}. \qquad (7)$$

Daraus ergibt sich durch Bildung des Gradienten nach $\boldsymbol{r}_i$ die Kraft des k · ten Planeten auf den i · ten sowie die Reaktionskraft dazu durch Gradientenbildung nach $\boldsymbol{r}_k$.

Für das gesamte Planetensystem erhält man die potentielle Energie durch Summation dieser Ausdrücke über alle Paare von zwei Himmelskörpern. Der Energiesatz lautet daher

$$\sum_{i=1}^{n} \frac{m_i}{2} v_i^2 - \sum_{i>k=1}^{n} \varkappa \frac{m_i\, m_k}{r_{ik}} = E = \text{konstant}. \qquad (5)$$

Diese Formel, welche bereits Newton kannte, bildete im vorigen Jahrhundert das Vorbild für den allgemeinen Energiesatz. Damals machte man stets die Annahme, daß die Atome Massenpunkte seien mit abstandsabhängigen Kräften in Richtung ihrer Verbindungslinie. Heute wissen wir, daß das nicht richtig ist, ja, die Kräfte zwischen den Atombausteinen sind sogar zum Teil geschwindigkeitsabhängig und besitzen daher keine potentielle Energie im eigentlichen Sinne (vergl. § 32). Der Satz von der Erhaltung der Energie hat sich jedoch als allgemein gültiges Naturgesetz an der Erfahrung bewährt.

IV. Die Mechanik des starren Körpers

§ 23. Die Drehbewegung um eine feste Achse

Im folgenden wollen wir die Bewegungen von festen Körpern betrachten für solche Fälle, in denen ihre Deformierbarkeit keine Rolle spielt, so daß man sie idealisiert als starr ansehen kann[1]). Die am häufigsten vorkommende Bewegungsform ist die, daß sich der Körper um eine im Raum und im Körper festliegende Achse dreht. Das ist bei allen rotierenden Rädern in ortsfesten Maschinen der Fall. Wir setzen voraus, daß der an makroskopischen Bewegungen nicht erkennbare Drehimpulsanteil $\boldsymbol{N}_{\text{magn}}$ (vgl. § 17) verschwindet, so daß wir den Körper als System von Massenpunkten auffassen können.

Der Drehimpuls in bezug auf einen ruhenden Punkt O auf der Drehachse beträgt nach (§ 17; 2)

$$\boldsymbol{N} = \sum_{i=1}^{n} \boldsymbol{r}_i \times \boldsymbol{v}_i \Delta m_i . \tag{1}$$

($\boldsymbol{r}_i$ = Ortsvektor, von O aus). Ist $\boldsymbol{\omega}$ der Drehvektor in Achsenrichtung, so ist nach (§ 5; 1)

$$\boldsymbol{v}_i = \boldsymbol{\omega} \times \boldsymbol{r}_i \tag{2}$$

zu setzen. Die Änderung der Rotationsgeschwindigkeit $\boldsymbol{\omega}$ wird bestimmt durch die Bewegungsgleichung (§ 17; 3)

$$\frac{d\boldsymbol{N}}{dt} = \boldsymbol{M} . \tag{3}$$

Darin bedeutet $\boldsymbol{M}$ die Summe der Drehmomente aller äußeren Kräfte in bezug auf O.

---

[1]) Die Mechanik nichtstarrer Körper behandelt in dieser Sammlung: M. Päsler: Mechanik deformierbarer Körper (Sammlung Göschen 1189/1189a) 1960.

Bei einer rotierenden Welle rührt ein Teil dieser Drehmomente von den unbekannten Kräften der Lagerschalen her. Wenn durch Schmierung dafür gesorgt wird, daß die Bewegung praktisch reibungsfrei läuft, sind diese Lagerkräfte ($\boldsymbol{R}_1$ und $\boldsymbol{R}_2$ in Abb. 16) senkrecht zur Drehachse und liegen in einer Ebene, die die Drehachse enthält. Ihr Drehmoment in bezug auf O steht also senkrecht auf der Drehachse. Die Größe dieser Komponente des Drehmomentes ist uninteressant, denn man kennt ihre Wirkung. Sie ist gerade so groß, daß der Drehvektor stets in Richtung der Achse liegt. Bezeichnet man mit $M_{||}$ die Komponente von $\boldsymbol{M}$ in Achsenrichtung und mit $N_{||}$ die entsprechende Komponente von $\boldsymbol{N}$, so folgt aus (3)

$$\frac{dN_{||}}{dt} = M_{||}\,. \tag{4}$$

Zur Berechnung von $N_{||}$ multiplizieren wir (1) skalar mit dem Einheitsvektor $\frac{\boldsymbol{\omega}}{\omega}$ in Achsenrichtung. Da bei einem Spatprodukt aus drei Vektoren die Faktoren zyklisch vertauscht werden dürfen, ergibt sich

$$N_{||} = \frac{1}{\omega}\boldsymbol{N}\cdot\boldsymbol{\omega} = \frac{1}{\omega}\sum_i \boldsymbol{\omega}\cdot[\boldsymbol{r}_i\times\boldsymbol{v}_i]\,\Delta m_i$$
$$= \frac{1}{\omega}\sum_i \boldsymbol{v}_i\cdot[\boldsymbol{\omega}\times\boldsymbol{r}_i]\,\Delta m_i = \frac{1}{\omega}\sum_i v_i^2\Delta m_i\,. \tag{5}$$

Der Betrag der Geschwindigkeit v_i des i-ten Massenpunktes ist gleich ω mal seinem Abstand ϱ_i von der Drehachse (Abb. 16). Mit der Abkürzung

$$\Theta = \sum_i \varrho_i^2\,\Delta m_i \tag{6}$$

ergibt sich also

$$N_{||} = \Theta\,\omega\,. \tag{7}$$

Die Größe Θ nennt man das Trägheitsmoment des Körpers. Betrachtet man den Körper als ein Kontinuum, so gilt die ganze Überlegung natürlich erst streng, wenn man den Grenzübergang zu immer feinerer Unterteilung durchführt. Die Darstellung als System von Massenpunkten ist in diesem Fall nur als Näherung anzusehen. Für das Trägheitsmoment erhält man das Integral

$$\Theta = \int \varrho^2 dm\,. \tag{8}$$

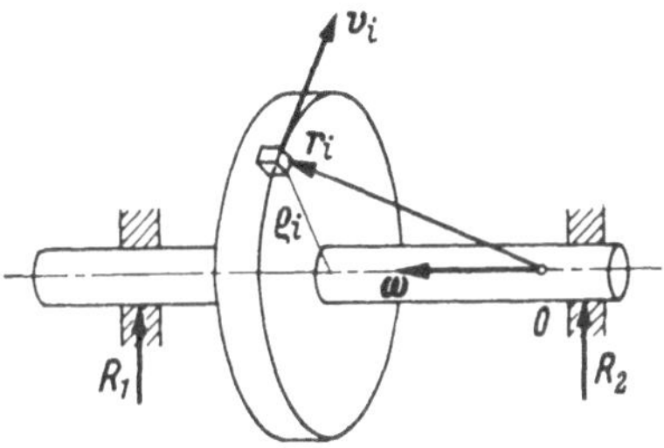

Abb. 16. Die Rotationsbewegung eines starren Körpers mit fester Drehachse.

Für einen starren Körper ist Θ eine Konstante, die nur von der Lage der Achse abhängt. Aus (4) folgt daher

$$\Theta \frac{d\omega}{dt} = M_{\parallel} . \tag{9}$$

Diese Gleichung entspricht völlig der Bewegungsgleichung (§ 16; 6) für die translatorische Bewegung. Θ entspricht der Masse m, ω der Schwerpunktsgeschwindigkeit und $M_{\parallel}$ der Kraft. Auch der Übergang zur Energiegleichung vollzieht sich entsprechend wie in § 20 durch Multiplikation mit ω. Man erhält dann

$$\frac{d}{dt}\left(\frac{\Theta}{2}\,\omega^2\right) = M_{\parallel}\,\omega . \tag{10}$$

$\frac{\Theta}{2}\,\omega^2$ ist die kinetische Energie der Drehbewegung, denn wegen (5) und (7) ist

$$\frac{\Theta}{2}\,\omega^2 = \frac{\omega}{2}\,N_{\parallel} = \sum_i \frac{1}{2}\,v_i^2 \Delta m_i . \tag{11}$$

$M_{\parallel}\,\omega$ ist die Leistung der äußeren Kräfte. Denn definitionsgemäß ist $M_{\parallel} = \frac{1}{\omega}\,\boldsymbol{\omega} \cdot \boldsymbol{M}$. Also folgt wegen (2)

$$\omega M_{\parallel} = \sum_{i=1}^{n} \boldsymbol{\omega} \cdot [\boldsymbol{r}_i \times \boldsymbol{F}_i] = \sum_{i=1}^{n} \boldsymbol{F}_i \cdot \boldsymbol{v}_i . \tag{12}$$

Die inneren Kräfte treten in (10) nicht auf, weil sie bei einem starren Körper keine Arbeit leisten. Für die Leistung der Kraft $\boldsymbol{F}_{ik}$ des k-ten auf den i-ten Massenpunkt und seine Reaktionskraft $\boldsymbol{F}_{ki}$ zusammen erhält man nämlich

$$\boldsymbol{F}_{ik} \cdot \boldsymbol{v}_i + \boldsymbol{F}_{ki} \cdot \boldsymbol{v}_k = \boldsymbol{F}_{ik} \cdot (\boldsymbol{v}_i - \boldsymbol{v}_k) . \tag{13}$$

In einem starren Körper ist der Abstand der Massenpunkte konstant, also

$$(\boldsymbol{r}_i - \boldsymbol{r}_k)^2 = \text{konstant} . \tag{14}$$

Durch Differentiation nach der Zeit folgt daraus

$$(\boldsymbol{r}_i - \boldsymbol{r}_k) \cdot (\boldsymbol{v}_i - \boldsymbol{v}_k) = 0 . \tag{15}$$

$(\boldsymbol{v}_i - \boldsymbol{v}_k)$ steht also senkrecht auf $\boldsymbol{r}_i - \boldsymbol{r}_k$ und daher auch auf dem zu $\boldsymbol{r}_i - \boldsymbol{r}_k$ parallelen Vektor $\boldsymbol{F}_{ik}$. Also verschwindet (13).

§ 24. Das physikalische Pendel

Als Anwendung der Ergebnisse des vorigen Paragraphen betrachten wir das physikalische Pendel, also die Bewegung eines starren Körpers der Masse m, der an einer horizontalen Achse, aber nicht im Schwerpunkt, reibungsfrei drehbar aufgehängt ist. Den Abstand des Schwerpunktes S von der Drehachse wollen wir mit s bezeichnen. Wenn das Lot vom Schwerpunkt auf die Drehachse mit der Vertikalen den Winkel φ bildet, hat die Schwerkraft mg das Drehmoment $mgs \sin \varphi$ in Richtung der Drehachse. Die Winkelgeschwindigkeit der Drehbewegung ist $\omega = \frac{d\varphi}{dt}$. Da das Drehmoment bei positiven Winkeln φ im Sinne einer Verkleinerung des Winkels wirkt, lautet die Bewegungsgleichung

$$\Theta \frac{d^2\varphi}{dt^2} = - mgs \sin \varphi . \tag{1}$$

Für kleine Winkel φ kann man $\sin \varphi \approx \varphi$ setzen. Dann erhält man als Lösung dieser Gleichung eine harmonische Schwingung mit der Schwingungsdauer

$$T_0 = 2\pi \sqrt{\frac{\Theta}{mgs}} . \tag{2}$$

Die Länge l eines mathematischen Pendels, welches die gleiche Schwingungsdauer besitzt, bezeichnet man als die reduzierte Pendellänge. Da nach (§ 20; 13) die Schwingungsdauer des mathematischen Pendels

$$T_0 = 2\pi\sqrt{\frac{l}{g}} \qquad (3)$$

ist, erhält man

$$l = \frac{\Theta}{ms}. \qquad (4)$$

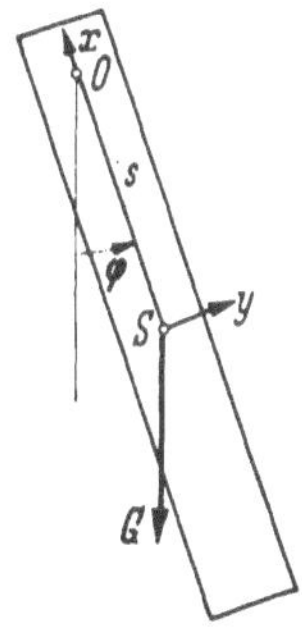

Abb. 17. Das physikalische Pendel.

Hier ist es zweckmäßig, statt des Trägheitsmomentes Θ um die Drehachse, das Trägheitsmoment Θ_s um die dazu parallele Schwerpunktsachse einzuführen. Zur Berechnung des Zusammenhanges zwischen Θ und Θ_s führen wir ein Koordinatensystem ein, dessen Ursprung im Schwerpunkt liegt und dessen z-Achse parallel zur Drehachse ist. Die x-Achse möge durch die Drehachse gehen (vgl. Abb. 17). Der Abstand eines beliebigen Punktes von der Drehachse beträgt dann $\varrho = \sqrt{(x-s)^2 + y^2}$. Also hat das Trägheitsmoment Θ den Wert

$$\Theta = \int [(x-s)^2 + y^2]\, dm. \qquad (5)$$

Da der Ursprung mit dem Schwerpunkt zusammenfallen sollte, ist $\int x dm = 0$. Beim Ausmultiplizieren des Integranden in (5) und gliedweiser Integration ergibt sich daher

$$\Theta = \int [x^2 + y^2]\, dm + \int s^2 dm. \qquad (6)$$

Das erste Teilintegral ist das Trägheitsmoment Θ_s um die zur Drehachse parallele Schwerpunktsachse. Im zweiten Integral kann man s^2 vors Integral ziehen und erhält

$$\Theta = \Theta_s + ms^2. \qquad (7)$$

Diese Formel ist der Satz von Steiner und besagt: Das Trägheitsmoment Θ für eine beliebige Achse ist gleich dem Trägheitsmoment für die dazu parallele Achse durch den Schwerpunkt plus dem Produkt aus der Gesamtmasse m mal dem Quadrat des Abstandes s der beiden Achsen. Setzt man das in (4) ein, so ergibt sich

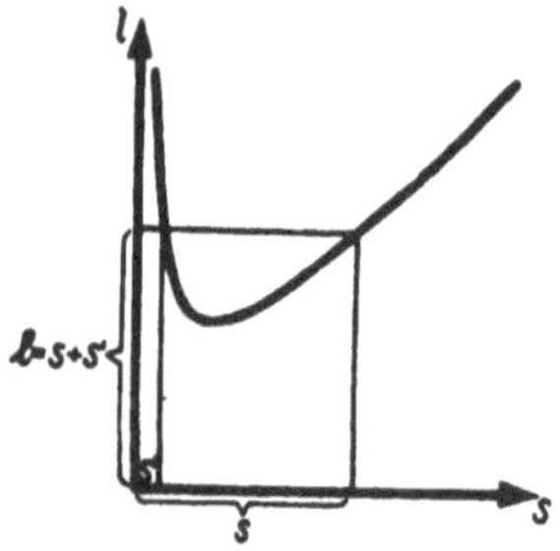

Abb. 18. Die reduzierte Pendellänge l eines physikalischen Pendels in Abhängigkeit vom Abstand s zwischen Schwerpunkt und Drehachse.

$$l = \frac{\Theta_s}{m s} + s \,. \tag{8}$$

Trägt man den Verlauf von l über s graphisch auf, so erhält man einen Verlauf wie in Abb. 18. Zu jedem l, also auch zu jeder Schwingungsdauer oberhalb ihres Minimalwertes, gibt es zwei verschiedene zugehörige Werte für den Abstand s der Achse vom Schwerpunkt. Bezeichnet man diese mit s und s', so folgt aus (8)

$$\frac{\Theta_s}{m s} + s = \frac{\Theta_s}{m s'} + s' \,. \tag{9}$$

Wenn man die Lösung $s = s'$ ausschließt, ergibt sich daraus

$$s s' = \frac{\Theta_s}{m} \,. \tag{10}$$

Setzt man das in (8) ein, so erhält man

$$l = s + s' \,. \tag{11}$$

Die reduzierte Pendellänge ist also gleich der Summe der Abstände der beiden Achsen mit gleicher Schwingungsdauer vom Schwerpunkt.

Das nutzt man bei dem sogenannten Reversionspendel aus. Bei diesem sind zwei parallele Achsen so angebracht, daß der Schwerpunkt zwischen ihnen in der gemeinsamen Ebene liegt, aber nicht gerade in der Mitte. Verschiebt man die eine

Achse so lange, bis die Schwingungsdauern für beide Achsen gleich werden, so ist der Abstand der beiden Achsen gleich der reduzierten Pendellänge. Ein solches Pendel benutzt man zur Präzisionsbestimmung der Fallbeschleunigung g.

§ 25. Der Trägheitstensor

Wenn sich ein starrer Körper beliebig im Raum bewegen kann, ist es zweckmäßig, seinen Bewegungszustand durch Angabe der Geschwindigkeit $\boldsymbol{v}_s$ seines Schwerpunktes und des Drehvektors $\boldsymbol{\omega}$ der Drehbewegung um den Schwerpunkt zu beschreiben. Sind die äußeren Kräfte und Drehmomente bekannt, so ergibt sich die Bewegung des Schwerpunktes aus der Newtonschen Bewegungsgleichung (§ 16; 6):

$$\frac{d\boldsymbol{P}}{dt} = m\frac{d\boldsymbol{v}_s}{dt} = \boldsymbol{F} \tag{1}$$

($\boldsymbol{F}$ = Summe aller äußeren Kräfte). Die Veränderung von $\boldsymbol{\omega}$ folgt aus der entsprechenden Gleichung

$$\frac{d\boldsymbol{N}_s}{dt} = \boldsymbol{M}_s \tag{2}$$

($\boldsymbol{M}_s$ = Summe aller Drehmomente der äußeren Kräfte, $\boldsymbol{N}_s$ = Drehimpuls, beides in bezug auf den Schwerpunkt). Zwischen $\boldsymbol{N}_s$ und $\boldsymbol{\omega}$ besteht nach (§ 17; 9) und (§ 5; 1) der Zusammenhang

$$\boldsymbol{N}_s = \sum_{i=1}^{n} \boldsymbol{r}_{is} \times (\boldsymbol{v}_i - \boldsymbol{v}_s)\, \Delta m_i = \sum_{i=1}^{n} \boldsymbol{r}_{is} \times [\boldsymbol{\omega} \times \boldsymbol{r}_{is}]\Delta m_i . \tag{3}$$

Darin bedeutet $\boldsymbol{r}_{is} = \boldsymbol{r}_i - \boldsymbol{r}_s$ den Ortsvektor vom Schwerpunkt zum i-ten Massenpunkt. Schreibt man diese Gleichung in Koordinaten aus, so erhält man

$$\begin{aligned} N_{sx} &= \Theta_{xx}\omega_x - \Theta_{xy}\omega_y - \Theta_{xz}\omega_z , \\ N_{sy} &= -\Theta_{xy}\omega_x + \Theta_{yy}\omega_y - \Theta_{yz}\omega_z , \\ N_{sz} &= -\Theta_{xz}\omega_x - \Theta_{yz}\omega_y + \Theta_{zz}\omega_z . \end{aligned} \tag{4}$$

In diesen Gleichungen sind ω_x, ω_y und ω_z die Komponenten des Drehvektors $\boldsymbol{\omega}$. Die Koeffizienten $\Theta_{xx}, \Theta_{xy} \ldots$ sind

Summen über die Teilmassen des Körpers bzw. Integrale, wenn man unter der Annahme kontinuierlicher Massenverteilung den Grenzübergang zu unendlich feiner Unterteilung vornimmt. Es gilt:

$$\Theta_{xx} = \iiint (y^2 + z^2)\, dm; \Theta_{yy} = \iiint (x^2 + z^2)\, dm;$$
$$\Theta_{zz} = \iiint (x^2 + y^2)\, dm; \tag{5}$$
$$\Theta_{xy} = \iiint xy\, dm; \Theta_{yz} = \iiint yz\, dm; \Theta_{xz} = \iiint xz\, dm. \tag{6}$$

Die drei Koeffizienten $\Theta_{xx}, \Theta_{yy}, \Theta_{zz}$ sind die Trägheitsmomente für Rotation um die Koordinatenachsen. Die Koeffizienten Θ_{xy}, Θ_{xz}, Θ_{yz} heißen Deviationsmomente. Wenn sich der Körper z. B. um die x-Achse dreht, also $\omega_y = \omega_z = 0$, so hat der Drehimpuls nicht die Richtung der x-Achse, sondern eine y- und z-Komponente der Größe $-\Theta_{xy}\omega_x$ bzw. $-\Theta_{xz}\omega_x$. Das Vorhandensein der Deviationsmomente verursacht also eine Abweichung (Deviation) der Richtung des Drehimpulsvektors von der des Drehvektors. Die Trägheitsmomente sind stets positiv. Die Deviationsmomente können beiderlei Vorzeichen haben. Für einen starren Körper sind alle Trägheitsmomente und Deviationsmomente konstante Größen, sofern man ein körperfestes Koordinatensystem verwendet.

Die Gleichungen (4) vermitteln einen linearen Zusammenhang zwischen den Vektoren $\boldsymbol{\omega}$ und $\boldsymbol{N}_s$. Das Schema der neun Koeffizienten $\Theta_{xx}, \Theta_{xy} \ldots$ ist symmetrisch. Die Gesamtheit dieser Koeffizienten nennt man den Tensor des Trägheitsmomentes. Ähnlich wie man einen Vektor durch einen Pfeil veranschaulichen kann, lassen sich die Eigenschaften eines Tensors durch ein Ellipsoid anschaulich darstellen.

Zu dieser Darstellung gelangt man zwanglos bei der Berechnung der kinetischen Energie. In die allgemeine Formel

$$T = \sum_i \frac{v_i^2}{2} \Delta m_i \tag{7}$$

setzen wir die Gleichung (§ 5; 1)

$$\boldsymbol{v}_i = \boldsymbol{v}_s + \boldsymbol{\omega} \times \boldsymbol{r}_{is} \tag{8}$$

für die Geschwindigkeit der einzelnen Massenpunkte ein. Durch Ausmultiplizieren ergibt sich

$$T = \sum_i \frac{v_s^2}{2} \Delta m_i + \sum_i \boldsymbol{v}_s \cdot [\boldsymbol{\omega} \times \boldsymbol{r}_{is}] \Delta m_i + \frac{1}{2} \sum_i [\boldsymbol{\omega} \times \boldsymbol{r}_{is}]^2 \Delta m_i. \quad (9)$$

Im ersten Summanden läßt sich v_s^2 vor die Summe ziehen. Dann erhält man $\frac{m}{2} v_s^2$ (m = Gesamtmasse). Der zweite Summand verschwindet, denn $\boldsymbol{v}_s$ und $\boldsymbol{\omega}$ hängen nicht vom Summationsindex i ab, und die Summe $\sum_i \boldsymbol{r}_{is} \Delta m_i = \sum \boldsymbol{r}_i \Delta m_i - m \boldsymbol{r}_s$ ist nach (§ 16; 4) gleich null. Der letzte Summand von T hängt außer von der Massenverteilung des Körpers nur noch von $\boldsymbol{\omega}$ ab. Wenn man also den Schwerpunkt zum Bezugspunkt wählt, ist die kinetische Energie gleich einer Summe aus zwei Summanden, von denen der erste, die kinetische Energie der Translationsbewegung, nur von $\boldsymbol{v}_s$ abhängt und der zweite, die kinetische Energie T_{rot} der Rotationsbewegung um den Schwerpunkt, nur vom Drehvektor $\boldsymbol{\omega}$:

$$T = \frac{m}{2} v_s^2 + T_{\text{rot}}. \quad (10)$$

Der Rotationsanteil von T,

$$T_{\text{rot}} = \frac{1}{2} \sum_i [\boldsymbol{\omega} \times \boldsymbol{r}_{is}]^2 \Delta m_i \quad (11)$$

lautet, in Koordinaten ausgeschrieben,

$$T_{\text{rot}} = \frac{1}{2} \Big\{ \Theta_{xx} \omega_x^2 + \Theta_{yy} \omega_y^2 + \Theta_{zz} \omega_z^2 - 2 \Theta_{xy} \omega_x \omega_y - 2 \Theta_{yz} \omega_y \omega_z - 2 \Theta_{xz} \omega_x \omega_z \Big\}. \quad (12)$$

Statt durch Ausrechnen in Koordinaten kann man diese Formel auch durch geeignete Umformung von (11) beweisen. Bezeichnet man vorübergehend in (11) das eine Vektorprodukt $\boldsymbol{\omega} \times \boldsymbol{r}_{is}$ mit $\boldsymbol{a}$, so ergibt sich bei zyklischer Vertauschung der Faktoren des Spatproduktes

$$T_{\text{rot}} = \frac{1}{2} \sum_{i=1}^{n} (\boldsymbol{a} \cdot [\boldsymbol{\omega} \times \boldsymbol{r}_{is}] \Delta m_i = \frac{1}{2} \sum_{i=1}^{n} \boldsymbol{\omega} \cdot [\boldsymbol{r}_{is} \times \boldsymbol{a}] \Delta m_i$$

$$= \frac{1}{2} \left(\boldsymbol{\omega} \cdot \sum_{i=1}^{n} \boldsymbol{r}_{is} \times [\boldsymbol{\omega} \times \boldsymbol{r}_{is}] \Delta m_i \right). \quad (13)$$

Daraus folgt unter Beachtung von (3):

$$T_{\text{rot}} = \frac{1}{2} \boldsymbol{\omega} \cdot \boldsymbol{N}_s = \frac{1}{2} (N_{sx}\omega_x + N_{sy}\omega_y + N_{sz}\omega_z). \quad (14)$$

Setzt man in diesen Ausdruck die Gleichungen (4) ein, so ergibt sich wiederum (12).

An diesem Rechnungsgang erkennt man auch, daß sich T_{rot} in einfacher Weise durch das Trägheitsmoment Θ_s für eine Drehachse durch den Schwerpunkt in Richtung des Drehvektors $\boldsymbol{\omega}$ ausdrücken läßt. Nach (§ 23; 5 und 7) ist

$$N_{s\|} = \frac{1}{\omega} \boldsymbol{N}_s \cdot \boldsymbol{\omega} = \Theta_s \omega, \quad (15)$$

also auch wegen (14)

$$T_{\text{rot}} = \frac{1}{2} \Theta_s \omega^2. \quad (16)$$

Diese formal einfache Gleichung ist jedoch für die weiteren Rechnungen wenig zweckmäßig, weil das Trägheitsmoment Θ_s von der Richtung des Drehvektors abhängig ist und sich daher ändert, sobald der Drehvektor im Körper seine Richtung wechselt. Vergleich von (12) und (16) liefert uns eine Aussage über diese Abhängigkeit. Bezeichnet man mit $\alpha = \frac{\omega_x}{\omega}$; $\beta = \frac{\omega_y}{\omega}$ und $\gamma = \frac{\omega_z}{\omega}$ die Richtungskosinus des Drehvektors, so erhält man

$$\Theta_s = \Theta_{xx}\alpha^2 + \Theta_{yy}\beta^2 + \Theta_{zz}\gamma^2 - 2\Theta_{xy}\alpha\beta$$
$$- 2\Theta_{yz}\beta\gamma - 2\Theta_{xz}\gamma\alpha. \quad (17)$$

Zur Diskussion der Gleichung (12) für den Rotationsanteil der kinetischen Energie denken wir uns nun in einem Raum, in welchem ω_x, ω_y, ω_z die rechtwinkligen Koordinaten sind, die Flächen konstanter Rotationsenergie T_{rot} gezeichnet. Da (12) quadratisch in ω_x, ω_y, ω_z ist, sind es Flächen zweiten

Grades. In (12) kommen keine in ω_x, ω_y, ω_z linearen Glieder vor. Also ist die Fläche zentralsymmetrisch zum Koordinatenursprung. Aus (11) und (16) sieht man, daß T_{rot} und Θ_s stets positiv sind. Für jede Richtung von $\boldsymbol{\omega}$ wächst daher T_{rot} mit wachsendem Betrage ω des Drehvektors über alle Grenzen. Also liegt jede Fläche $T_{\text{rot}} =$ konstant ganz im Endlichen. Die einzigen zentralsymmetrischen Flächen zweiten Grades, die ganz im Endlichen liegen, sind Ellipsoide. Die Flächen konstanten Rotationsanteils der kinetischen Energie im Raum der Drehvektoren sind also Ellipsoide. Man nennt sie Energie-Ellipsoide.

Die Flächen zu verschiedenen Werten von T_{rot} sind einander ähnlich. Denn wegen (17) ist Θ_s nur von der Richtung von ω abhängig. Nach (16) gilt aber $\omega = \sqrt{2T_{\text{rot}}/\Theta_s}$. Das Verhältnis der Abstände zweier Punkte eines Energie-Ellipsoids vom Ursprung ist also unabhängig von dem Wert von T_{rot} gleich der Wurzel aus dem reziproken Verhältnis der Trägheitsmomente für die Achsenrichtungen parallel zu den Vektoren vom Ursprung zu den beiden betrachteten Punkten. Trägt man also vom Ursprung aus eine Strecke proportional zu $1/\sqrt{\Theta_s}$ in Richtung der zugehörigen Drehachse ab, so bilden die Endpunkte ein von T_{rot} unabhängiges, aber zu allen Energie-Ellipsoiden ähnliches Ellipsoid, welches man als Trägheitsellipsoid oder auch als Poinsot-Ellipsoid bezeichnet.

Die Energie-Ellipsoide liefern auch ein anschauliches Bild von der Lage des Drehimpulsvektors relativ zum Drehvektor $\boldsymbol{\omega}$. Bildet man die Ableitung von T_{rot} nach ω_x, so ergibt sich bei Beachtung von (4)

$$\frac{\partial T_{\text{rot}}}{\partial \omega_x} = \Theta_{xx}\,\omega_x - \Theta_{xy}\,\omega_y - \Theta_{xz}\,\omega_z = N_{sx}\,. \qquad (18\text{a})$$

Entsprechend folgt

$$\frac{\partial T_{\text{rot}}}{\partial \omega_y} = N_{sy}\,; \quad \frac{\partial T_{\text{rot}}}{\partial \omega_z} = N_{sz}\,. \qquad (18\text{b; c})$$

$\boldsymbol{N}_s$ ist also gleich dem Vektor mit den Komponenten $\dfrac{\partial T_{\text{rot}}}{\partial \omega_x}$,

$\frac{\partial T_{\mathrm{rot}}}{\partial \omega_y}$, $\frac{\partial T_{\mathrm{rot}}}{\partial \omega_z}$. Dieser Vektor ist der Gradient von T_{rot} im Raum der Drehvektoren. Er steht senkrecht auf dem Energie-Ellipsoid.

Bei bekanntem Trägheitsellipsoid kann man daher den Drehimpulsvektor $\boldsymbol{N}_s$ zu einem gegebenen Drehvektor $\boldsymbol{\omega}$ leicht geometrisch konstruieren. Durch Vergrößerung aller Radiusvektoren im gleichen Verhältnis konstruiert man die Fläche $T_{\mathrm{rot}} =$ konst. durch den Endpunkt des gegebenen Drehvektors. Die Normale auf der Ellipsoidfläche in diesem Punkt gibt die Richtung von $\boldsymbol{N}_s$. Der Wert von T_{rot} für diese Fläche liefert die Größe der Drehimpulskomponente $N_{s\parallel}$ parallel zu $\boldsymbol{\omega}$. Denn nach (15) und (16) ist

$$N_{s\parallel} = \frac{2\,T_{\mathrm{rot}}}{\omega}. \tag{19}$$

Ist α der Winkel zwischen der Flächennormalen und dem Vektor $\boldsymbol{\omega}$ (vgl. Abb. 19), so ist der Betrag von $\boldsymbol{N}_s$ gleich $N_s = N_{s\parallel}/\cos\alpha$.

An jedem Ellipsoid gibt es einige Punkte, in denen die Normale auf der Fläche mit der Verbindungslinie zum Mittelpunkt zusammenfällt, in denen also $\alpha = 0$ ist. Dort ist der Drehvektor $\boldsymbol{\omega}$ parallel zum Drehimpuls $\boldsymbol{N}_s$. Diese Richtungen nennt man die Hauptträgheitsachsen. Ist das Trägheitsellipsoid ein allgemeines, dreiachsiges Ellipsoid, so gibt es drei aufeinander senkrechte Hauptträgheitsachsen. Die Trägheitsmomente in diesen Richtungen sind dann alle drei verschieden. Man nennt sie die Hauptträgheitsmomente. Ist das Trägheitsellipsoid ein Rotationsellipsoid, so ist die Rotationsachse und jede dazu senkrechte Richtung eine Hauptträgheitsachse. Die Trägheitsmomente sind dann in allen zur Rotationsachse senkrechten Richtungen gleich. Ist das Trägheitsellipsoid eine Kugel, so ist jede Richtung Hauptachsenrichtung, und die Trägheitsmomente sind in allen Richtungen gleich.

In jedem Falle kann man drei aufeinander senkrechte Hauptträgheitsrichtungen angeben, nur sind diese beim Vorliegen von Rotationssymmetrien nicht eindeutig gegeben. Macht man diese Achsen zu Koordinatenachsen, so nehmen alle Formeln besonders einfache Gestalt an. Be-

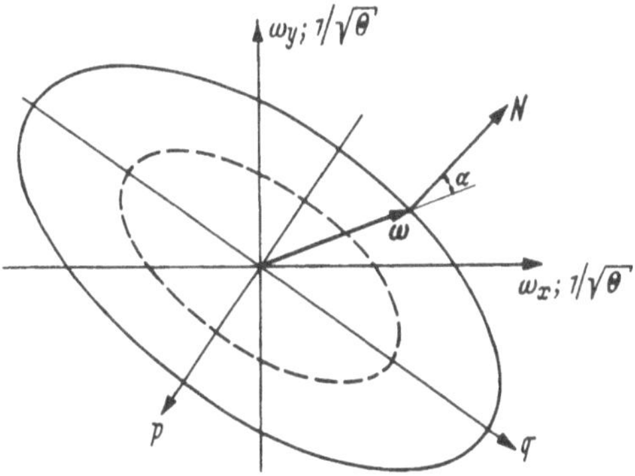

Abb. 19. Das Trägheitsellipsoid (gestrichelt), welches man bei Auftragung von $1/\sqrt{\theta}$ in Achsenrichtung erhält, und das dazu ähnliche Energie-Ellipsoid (ausgezogen) durch den Endpunkt eines gegebenen Drehvektors ω.

zeichnet man die Komponenten von $\boldsymbol{\omega}$ in diesen Achsenrichtungen mit p, q, r und die zugehörigen Hauptträgheitsmomente mit A, B und C, so gilt nämlich

$$T_{\text{rot}} = \frac{1}{2}\,(Ap^2 + Bq^2 + Cr^2)\,. \tag{20}$$

Für die Komponenten des Drehimpulses erhält man durch Differentiation nach p, q und r die Formeln

$$N_{sp} = Ap;\ N_{sq} = Bq;\ N_{sr} = Cr\,. \tag{21}$$

Glieder mit gemischten Produkten pq, qr und pr können bei dieser Achsenwahl in (20) nicht mehr auftreten, denn sonst kämen z. B. in den Formeln für N_{sq} und N_{sr} in (21) noch Summanden proportional p vor. Da aber die p-Achse eine Hauptträgheitachse sein sollte, muß für einen Drehvektor, bei dem $q = r = 0$, aber $p \neq 0$ ist, auch $N_{sq} = N_{sr} = 0$ sein.

Es sei noch darauf hingewiesen, daß das Trägheitsellipsoid etwa die Gestalt des zugehörigen Körpers wiedergibt insofern, als bei homogenen Körpern die größte Achse des Trägheitsellipsoides meist auch in die Richtung der größten Ausdehnung des Körpers weist. Andererseits darf man aus einer Rotationssymmetrie des Trägheitsellipsoides nicht auf Rotationssymmetrie des Körpers schließen. Z. B. entartet das Trägheitsellipsoid eines Würfels zu einer Kugel.

§ 26. Die kräftefreie Bewegung des starren Körpers

Beim Fehlen äußerer Kräfte ist nach § 16 und § 17 der Impuls und der Drehimpuls konstant. Aus der Konstanz des Impulses folgt nach (§ 16; 5), daß auch die Geschwindigkeit des Schwerpunktes konstant ist. Aus der Konstanz des Drehimpulses in bezug auf den Schwerpunkt folgt jedoch nicht, daß der Drehvektor konstant ist, auch dann nicht, wenn der makroskopisch unsichtbare Drehimpuls $\boldsymbol{N}_{\text{magn}}$ verschwindet. Sind $\boldsymbol{i}, \boldsymbol{j}$ und $\boldsymbol{k}$ drei im Körper festliegende, aufeinander senkrechte Einheitsvektoren in Richtung der Hauptträgheitsachsen und p, q, r die Komponenten des Drehvektors $\boldsymbol{\omega}$ in diesen Richtungen, so gilt

$$\boldsymbol{\omega} = p\boldsymbol{i} + q\boldsymbol{j} + r\boldsymbol{k} \tag{1}$$

und nach (§ 25; 21)

$$\boldsymbol{N}_s = Ap\boldsymbol{i} + Bq\boldsymbol{j} + Cr\boldsymbol{k}. \tag{2}$$

(A, B, C: Hauptträgheitsmomente). Da $\boldsymbol{i}, \boldsymbol{j}$ und $\boldsymbol{k}$ bei einem bewegten Körper selbst veränderlich sind, folgt aus der Konstanz von $\boldsymbol{N}_s$ nicht, daß auch p, q und r konstant seien. Die zeitliche Änderung der Einheitsvektoren ist nach (§ 5; 8) gegeben durch

$$\frac{d\boldsymbol{i}}{dt} = \boldsymbol{\omega} \times \boldsymbol{i}; \quad \frac{d\boldsymbol{j}}{dt} = \boldsymbol{\omega} \times \boldsymbol{j}; \quad \frac{d\boldsymbol{k}}{dt} = \boldsymbol{\omega} \times \boldsymbol{k}. \tag{3}$$

Daher folgt aus (2)

$$\frac{d\boldsymbol{N}_s}{dt} = A\frac{dp}{dt}\boldsymbol{i} + B\frac{dq}{dt}\boldsymbol{j} + C\frac{dr}{dt}\boldsymbol{k} + \boldsymbol{\omega} \times (Ap\boldsymbol{i} + Bq\boldsymbol{j} + Cr\boldsymbol{k}). \tag{4}$$

Setzt man hier für $\boldsymbol{\omega}$ den Ausdruck (1) ein, so erhält man beim Ausmultiplizieren

$$\frac{d\boldsymbol{N}_s}{dt} = \left\{A\frac{dp}{dt} + qr(C-B)\right\}\boldsymbol{i} + \left\{B\frac{dq}{dt} + rp(A-C)\right\}\boldsymbol{j} + \left\{C\frac{dr}{dt} + pq(B-A)\right\}\boldsymbol{k}. \quad (5)$$

Für eine kräftefreie Bewegung ergeben sich daher aus der Konstanz von $\boldsymbol{N}_s$ die drei Gleichungen

$$A\frac{dp}{dt} = qr(B-C), \quad (6a)$$

$$B\frac{dq}{dt} = rp(C-A), \quad (6b)$$

$$C\frac{dr}{dt} = pq(A-B). \quad (6c)$$

Diese Gleichungen nennt man die Eulerschen Gleichungen des Kreisels.

In dem allgemeinen Fall, daß alle drei Trägheitsmomente A, B, C verschieden sind, ist ihre Integration ziemlich schwierig. Qualitativ kann man aber die zeitlichen Veränderungen des Drehvektors aus der Konstanz des Drehimpulses und der kinetischen Energie ablesen. Da $\boldsymbol{N}_s$ konstant ist, ist auch

$$N_s^2 = A^2p^2 + B^2q^2 + C^2r^2 = \text{konst.} \quad (7)$$

Aus dieser Gleichung sind die variablen Vektoren $\boldsymbol{i}, \boldsymbol{j}, \boldsymbol{k}$ herausgefallen. In einem Raum, in welchem die Komponenten p, q, r des Drehvektors die rechtwinkligen Koordinaten darstellen, ist die Fläche $N_s^2 =$ konst. ein Ellipsoid, dessen Achsenrichtungen mit den Koordinatenachsen zusammenfallen. Die Halbachsen betragen $a_1 = N_s/A$, $b_1 = N_s/B$, $c_1 = N_s/C$. Dieses Ellipsoid nennt man das Schwungellipsoid oder Impulsellipsoid.

Bei der kräftefreien Bewegung eines starren Körpers leisten nach (§ 23; 13) die inneren Kräfte keine Arbeit. Daher ist die gesamte kinetische Energie $T = \frac{m}{2}v_s^2 + T_{\text{rot}}$ und wegen der Konstanz von $\boldsymbol{v}_s$ auch der Rotationsanteil T_{rot} allein konstant:

$$T_{\text{rot}} = \frac{1}{2}(Ap^2 + Bq^2 + Cr^2) = \text{konst.} \tag{8}$$

Das ist die Gleichung des Energie-Ellipsoids. Es hat die gleichen Hauptachsen wie das Schwungellipsoid. Seine Halbachsen betragen $a_2 = \sqrt{2T_{\text{rot}}/A}, b_2 = \sqrt{2\,T_{\text{rot}}/B}, C_2 = \sqrt{2\,T_{\text{rot}}/C}$. Die Schnittkurve des Schwungellipsoids und des Energie-Ellipsoids ist die Bahn des Endpunktes des Drehvektors.

Bei der Diskussion der möglichen Bahnformen wollen wir die Achsenbezeichnung so wählen, daß $A < B < C$ ist. Dann gilt $a_1 > b_1 > c_1$ und $a_2 > b_2 > c_2$. Das Achsenverhältnis ist jedoch beim Schwungellipsoid extremer als beim Energie-Ellipsoid,

$$\frac{a_1}{b_1} = \frac{B}{A} > \frac{a_2}{b_2} = \sqrt{\frac{B}{A}}\,; \quad \frac{b_1}{c_1} = \frac{C}{B} > \frac{b_2}{c_2} = \sqrt{\frac{C}{B}}\,; \tag{9}$$

denn eine Zahl $\frac{B}{A} > 1$ bzw. $\frac{C}{B} > 1$ wird beim Wurzelziehen kleiner. Wir wollen nun verschiedene Bewegungen mit dem gleichen Wert T_{rot}, aber verschiedenen Werten von $\boldsymbol{N}_s$ betrachten. Solange $\boldsymbol{N}_s$ so klein ist, daß $a_1 < a_2$ ist, schneiden sich die Ellipsoide nicht, denn dann ist wegen (9) auch $b_1 < b_2$ und $c_1 < c_2$. Solche Bewegungen sind also physikalisch unmöglich. Wenn $\boldsymbol{N}_s$ gerade so groß ist, daß $a_1 = a_2$ ist, so haben beide Ellipsoide zwei Punkte gemeinsam, nämlich $p = \pm a_1, q = r = 0$. Man bestätigt leicht, daß diese Drehung um die p-Achse mit konstanter Winkelgeschwindigkeit eine Lösung von (6) ist. Macht man $\boldsymbol{N}_s$ ein wenig größer, so daß $a_1 > a_2$ wird, aber noch $b_1 < b_2$ und $c_1 < c_2$, so schneiden sich die Ellipsoide längs zweier Kurven, die die p-Achse umschließen. Die eine liegt ganz im Bereich positiver p, die andere ganz bei negativen p. Vergrößert man $\boldsymbol{N}_s$ weiter, so wächst die Ausdehnung dieser Schnittkurven, bis schließlich $b_1 = b_2$ geworden ist. Dann berühren sich die Ellipsoide auf der q-Achse und schneiden sich zugleich längs vier Kurvenbögen, die auf der q-Achse beginnen, die p-r-Ebene schneiden und auf der negativen q-Achse enden. Jeder Kurvenbogen trifft gerade einen der vier Quadranten der p-r-Ebene. Wenn man N_s noch weiter vergrößert, schneiden sich die Ellipsoide auf der p-q-Ebene nicht mehr, denn dann ist $a_1 > a_2$ und $b_1 > b_2$. Dann entstehen also zwei getrennte Schnittkurven, die die r-Achse umschließen und von denen die eine ganz im Bereich positiver r, die andere ganz im Bereich negativer r

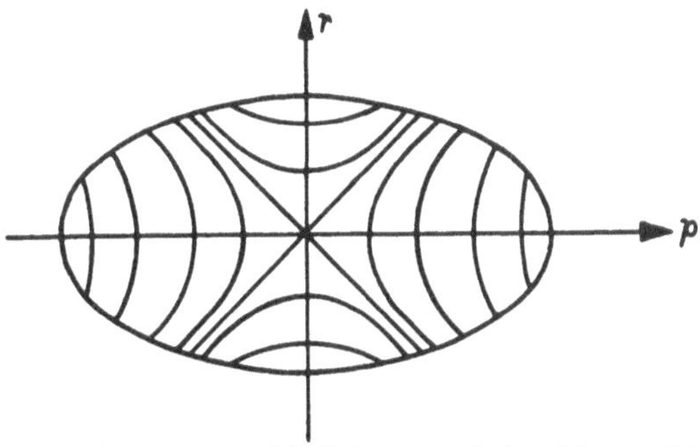

Abb. 20. Die Projektionen der Schnittkurven zwischen Schwungellipsoid und Energieellipsoid auf die p-r-Ebene für festes T_{rot} und verschiedene Werte von N_s.

liegt. Mit wachsendem N_s ziehen sich diese Kurven auf die r-Achse zusammen, bis schließlich, wenn $c_1 = c_2$ geworden ist, die beiden Ellipsoide sich nur noch in zwei Punkten auf der r-Achse berühren. Abb. 20 zeigt eine Darstellung der Projektionen der Schnittkurven auf die p-r-Ebene.

Aus diesen anschaulichen Betrachtungen ergibt sich in Verbindung mit den Differentialgleichungen (6): Die einzigen Bewegungen, bei welchen der Drehvektor im Körper konstant ist, sind die Drehungen um eine der Hauptträgheitsachsen. Wenn man den Körper so anstößt, daß der Drehvektor anfänglich sehr nahe bei einer der Hauptträgheitsachsen liegt, so bleibt er bei der p- und r-Achse ständig in ihrer Nähe; dagegen entfernt er sich von der q-Achse beträchtlich. Denn es gibt keine Schnittkurve der Ellipsoide, die in der Nähe der q-Achse vorbei läuft und nicht zugleich bis in das Gebiet mit entgegengesetztem Vorzeichen von q

führt. Bei einem Anstoß, bei welchem anfänglich p und r sehr klein gegen q waren, ändert sich also $\boldsymbol{\omega}$ im Lauf der Zeit stets so, daß einmal $q = 0$ wird und nach einiger Zeit wieder nahezu eine Drehung um die q-Achse entsteht, aber mit entgegengesetztem Drehsinn. Dieses Verhalten pflegt man kurz in folgender Weise auszudrücken: Die Richtungen des größten und kleinsten Hauptträgheitsmomentes sind bei der freien Rotation stabile Rotationsachsen; die des mittleren Hauptträgheitsmomentes dagegen ist labil.

Wenn zwei der Hauptträgheitsmomente gleich sind, etwa $A = B$, so sind die beiden Ellipsoide Rotationsflächen um die r-Achse, die Schnittkurven also Kreise um diese Achsen, in Ebenen parallel zur p-q-Ebene. In diesem Falle bezeichnet man diese Rotationsachse meist als Figurenachse. Die Integration der Gleichungen (6 a bis 6 c) ist dann einfach. Wir wollen sie hier aber nicht analytisch, sondern in Vektorschreibweise durchführen. Wir zerlegen zu diesem Zweck den Vektor $\boldsymbol{\omega}$ in einen Summanden $\boldsymbol{\omega}_{\parallel} = r\boldsymbol{k}$ parallel zur Figurenachse und einen zweiten $\boldsymbol{\omega}_{\perp} = \boldsymbol{\omega} - r\boldsymbol{k}$ in der Ebene senkrecht dazu. Dann folgt aus (2)

$$\boldsymbol{N}_s = A\boldsymbol{\omega}_{\perp} + C\boldsymbol{\omega}_{\parallel}. \tag{10}$$

Setzt man $\boldsymbol{\omega} = \boldsymbol{\omega}_{\perp} + r\boldsymbol{k}$ in die dritte Gleichung (3) ein, so folgt weiter

$$\frac{d\boldsymbol{k}}{dt} = \dot{\boldsymbol{k}} = \boldsymbol{\omega}_{\perp} \times \boldsymbol{k} \tag{11}$$

und daraus durch vektorielle Multiplikation mit $\boldsymbol{k}$

$$\boldsymbol{k} \times \dot{\boldsymbol{k}} = \boldsymbol{k} \times [\boldsymbol{\omega}_{\perp} \times \boldsymbol{k}] = \boldsymbol{\omega}_{\perp}. \tag{12}$$

Also kann man schreiben

$$\boldsymbol{N}_s = Cr\boldsymbol{k} + A\boldsymbol{k} \times \dot{\boldsymbol{k}}. \tag{13}$$

Für die kräftefreie Bewegung folgt daraus durch Differentiation nach der Zeit

$$\frac{d\boldsymbol{N}_s}{dt} = 0 = C\dot{r}\boldsymbol{k} + Cr\dot{\boldsymbol{k}} + A\boldsymbol{k} \times \ddot{\boldsymbol{k}}. \tag{14}$$

Da $\boldsymbol{k}$ ein Einheitsvektor ist, gilt $\boldsymbol{k}^2 = 1$ und $\boldsymbol{k} \cdot \dot{\boldsymbol{k}} = 0$. Skalare Multiplikation von (14) mit $\boldsymbol{k}$ liefert daher

$$\dot{r} = 0 \quad \text{oder} \quad r = \text{konst.} \tag{15}$$

Die Komponente r des Drehvektors in Richtung der Figurenachse ist also konstant, wie es oben schon anschaulich begründet wurde. Durch skalare Multiplikation von (13) mit $\boldsymbol{k}$ folgt dann weiter

$$\boldsymbol{k} \cdot \boldsymbol{N}_s = C r = \text{konst.} \tag{16}$$

Die Komponente von $\boldsymbol{k}$ in Richtung des konstanten Vektors $\boldsymbol{N}_s$ ist demnach auch konstant. Da $|\boldsymbol{k}| = 1$ ist, beschreibt der Vektor $\boldsymbol{k}$ also einen Kegel um $\boldsymbol{N}_s$. Die Geschwindigkeit seiner Bewegung ergibt sich aus (11) durch Einsetzen von

$$\boldsymbol{\omega}_\perp = \frac{\boldsymbol{N}_s - C r \boldsymbol{k}}{A} . \tag{17}$$

Man erhält

$$\dot{\boldsymbol{k}} = \frac{\boldsymbol{N}_s}{A} \times \boldsymbol{k} . \tag{18}$$

Danach bewegt sich $\boldsymbol{k}$ im Raum ebenso, wie wenn der Drehvektor konstant gleich $\frac{\boldsymbol{N}_s}{A}$ wäre; sein Endpunkt durchläuft eine Kreisbahn um $\boldsymbol{N}_s$ mit der Winkelgeschwindigkeit N_s/A. Nach (17) setzt sich $\boldsymbol{\omega}_\perp$ und daher auch $\boldsymbol{\omega}$ linear aus $\boldsymbol{N}_s$ und $\boldsymbol{k}$ zusammen und liegt demnach stets mit $\boldsymbol{N}_s$ und $\boldsymbol{k}$ in einer Ebene. $\boldsymbol{\omega}$ durchläuft daher den Rastpolkegel um $\boldsymbol{N}_s$ mit derselben Winkelgeschwindigkeit. Aus

$$\boldsymbol{\omega} = \boldsymbol{\omega}_\perp + \boldsymbol{\omega}_{\parallel} = \frac{\boldsymbol{N}_s}{A} + \left(1 - \frac{C}{A}\right) r \boldsymbol{k} \tag{19}$$

liest man unmittelbar ab, daß im Falle $C < A$ und $r > 0$ der Vektor $\boldsymbol{\omega}$ in dem spitzen Winkel zwischen $\boldsymbol{N}_s$ und $\boldsymbol{k}$ liegt; im Falle $C > A$ liegt dagegen $\boldsymbol{N}_s$ zwischen $\boldsymbol{\omega}$ und $\boldsymbol{k}$ (vgl. Abb. 21). Da nach (15) und (17) $\boldsymbol{\omega}_{\parallel}$ und $\boldsymbol{\omega}_\perp$ beide dem Betrage nach konstant sind, ist der Gangpolkegel, den der Drehvektor im körperfesten Koordinatensystem beschreibt, auch ein Kreiskegel. Die Winkelgeschwindigkeit, mit der er von $\boldsymbol{\omega}$

durchlaufen wird, ergibt sich am einfachsten daraus, daß $\boldsymbol{N}_s$, vom körperfesten Koordinatensystem aus betrachtet,

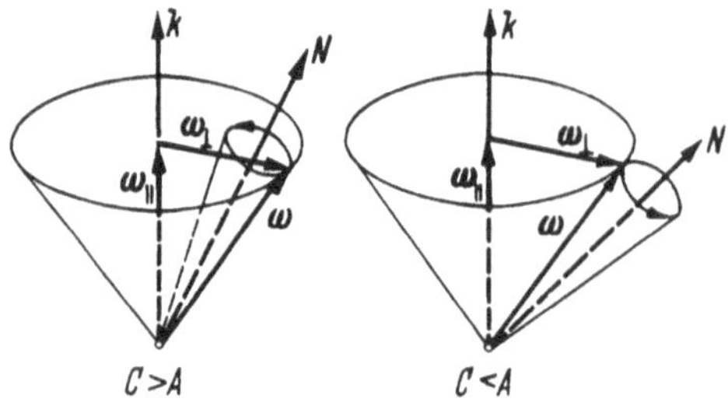

Abb. 21. Der körperfeste Gangpolkegel um $\boldsymbol{k}$ und der raumfeste Rastpolkegel um N bei der kräftefreien Bewegung des symmetrischen Kreisels.

mit der gleichen Winkelgeschwindigkeit wie $\boldsymbol{\omega}$ um $\boldsymbol{k}$ kreist, weil $\boldsymbol{N}_s$, $\boldsymbol{\omega}$ und $\boldsymbol{k}$ in einer Ebene liegen. Bezeichnet man vorübergehend mit $\frac{\partial \boldsymbol{a}}{\partial t}$ die zeitliche Ableitung eines Vektors $\boldsymbol{a}$ für den mit dem Körper mitbewegten Beobachter, so gilt allgemein (vgl. § 5; 10)

$$\frac{d\boldsymbol{a}}{dt} = \frac{\partial \boldsymbol{a}}{\partial t} + \boldsymbol{\omega} \times \boldsymbol{a}. \tag{20}$$

Daher folgt für den konstanten Vektor $\boldsymbol{N}_s$ bei Beachtung von (19)

$$\frac{\partial \boldsymbol{N}_s}{\partial t} = -\boldsymbol{\omega} \times \boldsymbol{N}_s = \frac{C-A}{A} r\, \boldsymbol{k} \times \boldsymbol{N}_s. \tag{21}$$

$\boldsymbol{N}_s$ und $\boldsymbol{\omega}$ drehen sich demnach relativ zum körperfesten Koordinatensystem mit der Winkelgeschwindigkeit $\frac{C-A}{A}\, r$ um die Figurenachse. Der Vektor $r\boldsymbol{k}$ bildet stets einen spitzen Winkel mit $\boldsymbol{N}_s$, weil nach (16) $r\boldsymbol{k} \cdot \boldsymbol{N}_s = Cr^2 > 0$ ist. Der Drehvektor durchläuft daher im Fall $C > A$ den körperfesten Gangpolkegel im gleichen Sinne wie den Rastpolkegel, im Falle $C < A$ im umgekehrten Sinn. Im ersten Fall umfaßt der Gangpolkegel den Rastpolkegel und rollt mit seiner Innenseite an der Außenseite des Rastpolkegels entlang; im zweiten Fall rollen die beiden Kegel außen aneinander ab (vgl. Abb. 21).

§ 27. Der schwere symmetrische Kreisel

Als einziges Beispiel von den zahlreichen Problemen der Kreiseltheorie soll hier die Bewegung des gewöhnlichen Spielkreisels behandelt werden. Er besteht aus einem rotationssymmetrischen Körper der Masse m, der im Idealfall reibungsfrei in einem körperfesten Punkt seiner Achse im Abstand s vom Schwerpunkt unterstützt wird (vgl. Abb. 23, S. 116). Ist $\mathfrak{z}$ ein Einheitsvektor in vertikaler Richtung und $\mathfrak{k}$ der Einheitsvektor in Richtung der Figurenachse, so ergibt sich für den Vektor des Drehmomentes $\boldsymbol{M}$ in bezug auf den Unterstützungspunkt

$$\boldsymbol{M} = mgs\, \mathfrak{z} \times \mathfrak{k} . \tag{1}$$

Bezeichnet man das Hauptträgheitsmoment um die Figurenachse mit C und dasjenige um eine Achse senkrecht dazu durch den Unterstützungspunkt mit A, so erhält man ebenso wie im vorigen Paragraphen für den Drehimpuls $\boldsymbol{N}$ in bezug auf den Unterstützungspunkt die Formel

$$\boldsymbol{N} = Cr\mathfrak{k} + A\mathfrak{k} \times \dot{\mathfrak{k}} . \tag{2}$$

Der Momentensatz liefert dann die folgende Bewegungsgleichung für den Vektor $\mathfrak{k}$:

$$\frac{d\boldsymbol{N}}{dt} = C\dot{r}\mathfrak{k} + Cr\dot{\mathfrak{k}} + A\mathfrak{k} \times \ddot{\mathfrak{k}} = mgs\, \mathfrak{z} \times \mathfrak{k}. \tag{3}$$

Skalare Multiplikation dieser Gleichung mit $\mathfrak{k}$ führt wegen $\mathfrak{k} \cdot \dot{\mathfrak{k}} = 0$ auf

$$C\dot{r} = 0 \quad \text{oder} \quad r = \text{konst.} \tag{4}$$

Um $\ddot{\mathfrak{k}}$ zu isolieren, multiplizieren wir nun (3) vektoriell mit $\mathfrak{k}$. Das Vektorprodukt aus $\mathfrak{k}$ und $\mathfrak{k} \times \ddot{\mathfrak{k}}$ ist

$$\mathfrak{k} \times [\mathfrak{k} \times \ddot{\mathfrak{k}}] = \mathfrak{k}(\mathfrak{k} \cdot \ddot{\mathfrak{k}}) - \ddot{\mathfrak{k}} . \tag{5}$$

Bei Differentiation der Gleichung $\mathfrak{k} \cdot \dot{\mathfrak{k}} = 0$ nach der Zeit erhält man

$$\mathfrak{k} \cdot \ddot{\mathfrak{k}} + \dot{\mathfrak{k}}^2 = 0 . \tag{6}$$

Daher ergibt sich aus (3)

$$\ddot{\mathfrak{k}} = \frac{Cr}{A} \mathfrak{k} \times \dot{\mathfrak{k}} - \mathfrak{k}(\dot{\mathfrak{k}})^2 - \frac{mgs}{A} \mathfrak{k} \times [\mathfrak{z} \times \mathfrak{k}] . \tag{7}$$

Diese Gleichung kann man als Bewegungsgleichung für den Endpunkt des Einheitsvektors $\mathfrak{k}$ auf der Kugel vom Radius 1 auffassen. Wenn sich dieser Punkt mit der Geschwindigkeit $\dot{\mathfrak{k}}$ längs eines größten Kugelkreises bewegt, so muß er eine Zentripetalbeschleunigung in Richtung zum Kugelmittelpunkt, also in Richtung $-\mathfrak{k}$ vom Betrage $\dot{\mathfrak{k}}^2$ erfahren. Das ist gerade die durch den zweiten Summanden in (7) gegebene Beschleunigung. Wenn nur dieser Summand allein vorhanden wäre, würde sich also der Endpunkt von $\mathfrak{k}$ auf der Kugel „geradeaus" bewegen. Die übrigen Summanden in (7), welche Vektoren parallel zu Kugeloberfläche darstellen, bedingen Abweichungen von dieser Bewegung. Der erste Summand ist stets senkrecht zu $\dot{\mathfrak{k}}$. Dieser Beschleunigungsanteil würde, wenn er außer $-\mathfrak{k}(\dot{\mathfrak{k}})^2$ allein wirksam wäre, eine Bewegung des Endpunktes von $\mathfrak{k}$ mit konstanter Geschwindigkeit auf einem Kreise hervorrufen bzw. eine Bewegung von $\mathfrak{k}$ auf einem Kegel. Diese Bewegung haben wir im vorigen Paragraphen diskutiert. Hier kommt noch der letzte Summand in (7) hinzu, der parallel zur Kugeloberfläche und von der Richtung $\mathfrak{z}$ fort gerichtet ist. Sein Betrag ist proportional dem Sinus des Winkels ϑ zwischen $\mathfrak{z}$ und $\mathfrak{k}$. Er bewirkt, daß $\dot{\mathfrak{k}}^2$ vom Winkel ϑ abhängig wird. Multipliziert man (7) skalar mit $\dot{\mathfrak{k}}$, so erhält man wegen $\mathfrak{k} \times [\mathfrak{z} \times \mathfrak{k}] = \mathfrak{z} - \mathfrak{k}(\mathfrak{z} \cdot \mathfrak{k})$ und $\mathfrak{k} \cdot \dot{\mathfrak{k}} = 0$

$$\dot{\mathfrak{k}} \cdot \ddot{\mathfrak{k}} = \frac{1}{2} \frac{d}{dt} (\dot{\mathfrak{k}})^2 = -\frac{mgs}{A} \dot{\mathfrak{k}} \cdot \mathfrak{z} = -\frac{mgs}{A} \frac{d}{dt} (\mathfrak{k} \cdot \mathfrak{z}) \tag{8}$$

oder

$$\frac{1}{2} \dot{\mathfrak{k}}^2 + \frac{mgs}{A} \mathfrak{k} \cdot \mathfrak{z} = \text{konst.} \tag{9}$$

Diese Gleichung ist der Energiesatz zu der Bewegungsgleichung (7). Mit seiner Hilfe kann man den Verlauf der Lösungen von (7) leicht qualitativ diskutieren. Dabei wollen wir zur Vereinfachung der Ausdrucksweise die Bewegung des Endpunktes von $\mathfrak{k}$ auf der Einheitskugel so beschreiben, als ob sie auf der Erdoberfläche erfolgte, wobei die Erdachse mit der Richtung von $\mathfrak{z}$ identifiziert wird. Wir wollen annehmen, daß zu Anfang $\dot{\mathfrak{k}} = 0$ ist. Dann bewegt sich der Bildpunkt infolge der Wirkung des dritten Summanden von (7) zunächst beschleunigt nach Süden. Da im allgemeinen bei einem Kreisel die Winkelgeschwindigkeit r sehr groß gegen $|\dot{\mathfrak{k}}|$ ist, macht sich schon bei geringer Größe von $\dot{\mathfrak{k}}$ das erste Glied von (7) stark bemerkbar und bewirkt eine Abweichung nach links, also nach Osten und schließlich weiter nach Norden. Dabei nimmt nach (9) $\dot{\mathfrak{k}}^2$ wieder ab. Wenn dieselbe geographische Breite wie zu Anfang erreicht wird, ist $\dot{\mathfrak{k}}^2$ wieder null. Dann wiederholt sich diese Bewegung. Im Mittel wandert also der Endpunkt von $\mathfrak{k}$ nach Osten, wobei der Polabstand und die Bewegungsgeschwindigkeit periodisch schwanken. Wenn zu Anfang $\dot{\mathfrak{k}}$ nicht null, aber klein ist, verläuft die Bewegung ähnlich. Abb. 22 zeigt qualitativ einen derartigen Verlauf. Die Bewegung der Figurenachse um die Vertikale herum bezeichnet man als Präzessionsbewegung (genauer pseudoreguläre Präzession), die überlagerten kleinen Schwankungen als Nutationen.

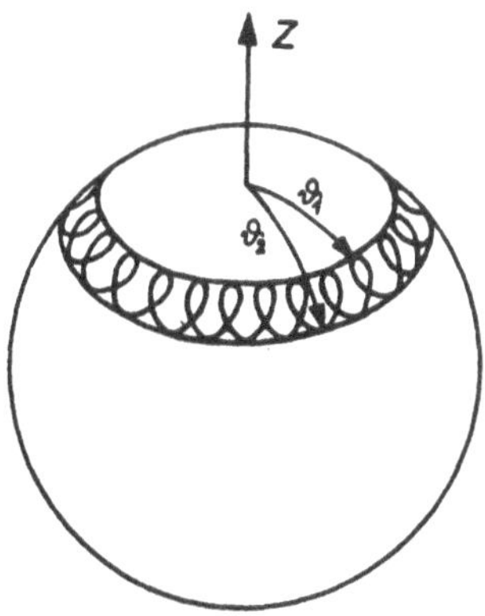

Abb. 22. Die Spur der Figurenachse auf der Einheitskugel bei der pseudoregulären Präzession eines schweren symmetrischen Kreisels.

Bei geeignetem Anstoß des Kreisels kann man es erreichen, daß die Nutationen fehlen und $\mathfrak{k}$ einen Kegel um die Vertikale mit konstantem halben Öffnungswinkel ϑ beschreibt. Eine solche Bewegung nennt man eine reguläre Präzession. Bei ihr ist $\mathfrak{k} \cdot \mathfrak{z} = \cos\vartheta = \text{konst.}$, also $\dot{\mathfrak{k}} \cdot \mathfrak{z} = 0$ und $\ddot{\mathfrak{k}} \cdot \mathfrak{z} = 0$. Durch skalare Multiplikation von (7) mit $\mathfrak{z}$ ergibt sich daher als Bedingung für diese Bewegungsform

$$\frac{Cr}{A}\,\mathfrak{z}\cdot[\mathfrak{k}\times\dot{\mathfrak{k}}] - (\mathfrak{z}\cdot\mathfrak{k})\dot{\mathfrak{k}}^2 - \frac{mgs}{A}\{1-(\mathfrak{k}\cdot\mathfrak{z})^2\} = 0\,. \tag{10}$$

Bezeichnet man den Azimutalwinkel um die $\mathfrak{z}$-Achse mit φ, so ist in diesem Falle $|\dot{\mathfrak{k}}| = \sin\vartheta\dot{\varphi}$, denn der Endpunkt von $\mathfrak{k}$ durchläuft dann den Breitenkreis mit dem Radius $\sin\vartheta$ mit der Winkelgeschwindigkeit $\dot{\varphi}$. Da zugleich $\mathfrak{z}\times\mathfrak{k}$ parallel $\dot{\mathfrak{k}}$ und dem Betrage nach gleich $\sin\vartheta$ ist, kann man (10) auch in die folgende Gestalt bringen.

$$(Cr - A\cos\vartheta\dot{\varphi})\,\dot{\varphi} = mgs\,. \tag{11}$$

Zu gegebenen Werten von r und ϑ gibt es also zwei verschiedene Werte von $\dot{\varphi}$, bei denen eine reguläre Präzession eintritt. Wenn $Cr \gg \sqrt{Amgs}$ ist, ist in dem einen Fall $\dot{\varphi}$ groß und nahezu gleich $Cr/A\cos\vartheta$. Dann fällt nach (2) $\mathfrak{N}$ fast mit der Richtung von $\mathfrak{z}$ zusammen. Im andern Fall ist $\dot{\varphi}$ klein und fast gleich mgs/Cr. Die Bewegung des Spielkreisels pflegt in der Regel nur wenig von dieser zweiten Bewegungsform abzuweichen.

V. Analytische Mechanik

§ 28. Das d'Alembertsche Prinzip

Die analytische Mechanik befaßt sich mit den mathematischen Umformungen und Ausgestaltungen der Gesetze der Mechanik mit dem Ziel, möglichst allgemein gültige Integrationsmethoden zu finden. Wir wollen hier die wichtigsten Begriffe der analytischen Mechanik kurz behandeln, weil diese auch für andere Teile der Physik bedeutungsvoll geworden sind. Wir gehen dabei von dem Modell eines Systems von Massenpunkten aus und setzen außerdem voraus, daß die äußeren und inneren Kräfte eine potentielle Energie besitzen. Diese Annahmen sind nicht immer erfüllt, weil die kleinsten Bausteine der Materie sich nicht wie Massenpunkte verhalten und außerdem die magnetischen Kräfte auf geladene Teilchen keine potentielle Energie besitzen, denn sie hängen von der Geschwindigkeit ab. Die Methoden der analytischen Mechanik sind aber fast ausschließlich unter diesen Voraussetzungen ausgearbeitet worden. Wir wollen sie deshalb auch hier benutzen und nur im letzten Paragraphen ein wenig darüber hinausgehen, indem wir zeigen, wie man auch bei der Bewegungsgleichung eines geladenen Massenpunktes im Magnetfeld die Ansätze der analytischen Mechanik verwenden kann.

Die Bewegungsgleichung des i-ten Massenpunktes lautet unter den obigen Voraussetzungen nach (§ 22; 1)

$$\ddot{\boldsymbol{r}}_i \Delta m_i = -\operatorname{grad}_i V(\boldsymbol{r}_1, \boldsymbol{r}_2 \ldots \boldsymbol{r}_n). \tag{1}$$

Der Einfachheit halber wollen wir die rechtwinkligen Koordinaten der Ortsvektoren $\boldsymbol{r}_i$ hintereinander abzählen und alle mit x_k bezeichnen. x_1, x_2, x_3 seien also die Komponenten von $\boldsymbol{r}_1$; x_4, x_5, x_6 diejenigen von $\boldsymbol{r}_2$ usw. Die Massen zählen wir ebenso ab; $m_1 = m_2 = m_3$ sei die Masse des ersten Massenpunktes usw. Die potentielle Energie ist dann bei n Massenpunkten eine Funktion von $3\,n$ Variablen x_k. Alle $3\,n$ Bewegungsgleichungen haben die Gestalt

$$m_k \frac{d^2 x_k}{dt^2} = -\frac{\partial V}{\partial x_k}. \tag{2}$$

In der Regel sind in solchen Systemen die Kräfte und daher auch die potentielle Energie nicht vollständig bekannt. Von einem Teil der Kräfte kennt man nur ihre Wirkungen, die in Form von N e b e n b e d i n g u n g e n gegeben sind. Zum Beispiel weiß man bei einem mathematischen Pendel, daß die Kraft der Aufhängung eine Bewegung des Schwerpunktes des betrachteten kleinen Körpers auf einer Kugelfläche bewirkt. Hat das Pendel die Länge l und sind x_1, x_2, x_3 die Schwerpunktskoordinaten, so gilt

$$x_1^2 + x_2^2 + x_3^2 = l^2, \tag{3}$$

sofern man den Aufhängepunkt zum Koordinatenursprung wählt. Bei einem starren Körper weiß man, daß die inneren

Kräfte alle Abstände zwischen den einzelnen Teilen des Körpers konstant halten. Die unbekannten Kräfte, die die Verwirklichung dieser Nebenbedingungen erzwingen, nennt man die Zwangskräfte. Als erstes behandeln wir die Aufgabe, diese Kräfte mit Hilfe der Nebenbedingungen aus den Bewegungsgleichungen zu eliminieren.

Wenn eine Nebenbedingung in der Form

$$f(x_1, x_2 \ldots x_{3n}, t) = C \tag{4}$$

(C eine Konstante) gegeben ist, wie das in den obigen Beispielen der Fall war, so nennt man sie holonom (vollkommen). Enthält die Nebenbedingung f die Zeit t, so heißt sie rheonom (fließend). Kommt t nicht explizit vor, so nennt man sie skleronom (starr). Es gibt auch Fälle, in denen die Nebenbedingungen die Geschwindigkeitskomponenten enthalten. Dann nennt man sie anholonom. Ein Beispiel dafür ist die Bewegung eines Autos, welches nicht ins Schleudern geraten ist. Die Richtung der Geschwindigkeit seines Schwerpunktes hängt von der Stellung seiner Räder ab. Wenn mehrere Nebenbedingungen existieren, kann es vorkommen, daß die eine eine Folge der anderen ist oder ihnen widerspricht. Beides muß ausgeschlossen werden. Im folgenden setzen wir voraus, daß alle Nebenbedingungen holonom, voneinander unabhängig und widerspruchsfrei sind.

Selbstverständlich bestimmen die Nebenbedingungen allein nicht die Größe und Richtung der Zwangskräfte. Sie hängen außerdem noch davon ab, auf welche Weise die Nebenbedingungen physikalisch realisiert werden. Zum Beispiel kann man bei einem mathematischen Pendel die Bewegung auf einer Kugelfläche entweder dadurch erzwingen, daß man den Körper mit einem praktisch unausdehnbaren Faden an einem Punkt befestigt oder dadurch, daß man ihn auf einer Kugelschale gleiten läßt. Im ersten Fall hat die Fadenspannung die Richtung des Radius. Im zweiten Fall tritt außer einer Radialkraft eine Reibungskraft parallel zur Kugeloberfläche auf, deren Größe erfahrungsgemäß von der Größe der Normalkraft abhängt. Man pflegt in der Regel diese Verhältnisse zu idealisieren und die Reibung zu vernachlässigen. Dann hat die Zwangskraft in beiden Fällen die gleiche Richtung und Größe.

Die entsprechende Idealisierung für allgemeinere Fälle geschieht durch die folgende Annahme: Bei jeder gedachten Bewegung, die mit den Nebenbedingungen verträglich ist, leisten die Zwangskräfte insgesamt keine Arbeit bzw. wenn die Nebenbedingungen rheonom sind, würden sie keine Arbeit leisten, wenn bei der Verschiebung die in den Nebenbedingungen explizit vorkommende Zeit in Gedanken festgehalten wird. Die Folgerungen aus dieser allgemeinen Annahme wollen wir zunächst für den Fall untersuchen, daß nur eine Nebenbedingung der Gestalt (4) vorliegt. Bezeichnet man die j-te Komponente der Zwangskraft mit F_{Z_j} und mit δx_j die Veränderung von x_j bei einer kleinen Verschiebung, so soll gelten

$$\sum_{j=1}^{3n} F_{Z_j} \delta x_j = 0 , \tag{5}$$

falls die Gesamtheit der Verschiebungen δx_j mit der Nebenbedingung bei festgehaltener Zeit t verträglich ist. Eine solche Verschiebung nennt man eine virtuelle Verrückung. Die Verschiebungen müssen klein sein in dem Sinne, daß die Änderung der Funktion $f(x_j)$ bei der Verrückung durch die linearen Glieder der Taylor-Entwicklung angenähert werden kann. Die Bedingung, daß sich die Funktion $f(x_j)$ bei der Verrückung nicht ändert, lautet dann

$$\sum_{j=1}^{3n} \frac{\partial f}{\partial x_j} \delta x_j = 0 . \tag{6}$$

Daraus ergeben sich die Verhältnisse der Komponenten F_{Z_j} der Zwangskraft. Wir setzen voraus, daß nicht alle Ableitungen von f verschwinden und numerieren die Koordinaten so, daß $\frac{\partial f}{\partial x_1} \neq 0$ ist. Dann kann man sich eine virtuelle Verrückung ausdenken, bei der nur δx_1 und δx_k von null verschieden sind und (6) erfüllt ist. Man muß dann

$$\delta x_1 = -\frac{\dfrac{\partial f}{\partial x_k}}{\dfrac{\partial f}{\partial x_1}}\,\delta x_k \tag{7}$$

setzen und alle anderen $\delta x_j = 0$ ($j \neq 1$ und k). Setzt man das in (5) ein, so ergibt sich

$$F_{Z1}\,\delta x_1 + F_{Zk}\,\delta x_k = \left(F_{Zk} - \frac{\partial f/\partial x_k}{\partial f/\partial x_1}\,F_{Z1}\right)\delta x_k = 0 \tag{8}$$

oder

$$F_{Zk} = \frac{F_{Z1}}{\partial f/\partial x_1}\cdot\frac{\partial f}{\partial x_k}\,. \tag{9}$$

Da (5) für jede mit den Nebenbedingungen verträgliche Verrückung gelten sollte, muß (9) für alle k außer $k = 1$ gelten. Schreibt man zur Abkürzung

$$\frac{F_{Z1}}{\partial f/\partial x_1} = \lambda\,, \tag{10}$$

so gilt offenbar für alle k, auch für $k = 1$:

$$F_{Zk} = \lambda\,\frac{\partial f}{\partial x_k}\,. \tag{11}$$

Wenn man nun unter V die potentielle Energie aller anderen Kräfte außer den Zwangskräften versteht, so lauten die Bewegungsgleichungen (2)

$$m_k\,\ddot{x}_k = -\frac{\partial V}{\partial x_k} + \lambda\,\frac{\partial f}{\partial x_k}\,. \tag{12}$$

Aus der obigen Annahme über die Zwangskräfte ergibt sich demnach folgende Regel: Die Zwangskräfte werden erfaßt, indem man zur potentiellen Energie die Nebenbedingung nach Multiplikation mit einem Faktor — λ hinzufügt. Die Größe von λ ergibt sich daraus, daß außer den Bewegungsgleichungen auch noch die Nebenbedingung in jedem Augenblick erfüllt sein muß. Im allgemeinen ist daher λ von der Zeit abhängig.

Die hier eingeführte Annahme (5) über die Zwangskräfte nennt man das d'Alembertsche Prinzip. Man schreibt es meist in der Weise, daß man das Gleichungssystem (12) nach den Zwangskräften auflöst und in (5) einsetzt. Das ergibt:

$$\sum_{j=1}^{3n} \left(m_j \ddot{x}_j + \frac{\partial V}{\partial x_j} \right) \delta x_j = 0 . \tag{13}$$

Wenn diese Gleichung für alle mit der Zwangsbedingung (4) bei festgehaltener Zeit verträglichen Verschiebungen δx_j gilt, müssen auch die Gleichungen (12) gelten. Das Gleichungssystem (12) nennt man die Lagrangeschen Gleichungen 1. Art. λ wird auch Lagrange-Parameter genannt.

Die Verallgemeinerung auf mehrere Nebenbedingungen liegt auf der Hand. Wenn r unabhängige Nebenbedingungen $f_l(x_j) = C_l$, $l = 1, 2 \ldots r$, existieren, gilt

$$m_k \ddot{x}_k = -\frac{\partial V}{\partial x_k} + \sum_{l=1}^{r} \lambda_l \frac{\partial f_l}{\partial x_k} . \tag{14}$$

Auf die Ableitung von (14) aus (13) wollen wir hier verzichten.

Es muß darauf hingewiesen werden, daß das d'Alembertsche Prinzip (5) bzw. (13) kein allgemeines Naturgesetz darstellt. Der Name verleitet zu dieser irrtümlichen Ansicht. Es enthält vielmehr eine Idealisierung der Natur, welche nie streng gültig ist. Dasselbe gilt von allen Nebenbedingungen überhaupt. Sie sind niemals exakt zu verwirklichen. An den erwähnten Beispielen erkennt man das sofort. Es gibt keine völlig unausdehnbaren Fäden und keine absolut starren Körper. Eigentlich müßte man in jedem Einzelfall untersuchen, wie weit die Ergebnisse infolge der Idealisierung durch Nebenbedingungen und d'Alembertsches Prinzip von der Wirklichkeit abweichen.

§ 29. Die Lagrangeschen Gleichungen 2. Art

Die Integration der Bewegungsgleichungen mit Nebenbedingungen wird in den meisten Fällen sehr erleichtert, wenn man statt der rechtwinkligen Koordinaten andere Größen, Abstände, Winkel oder sonstige Parameter einführt, welche die Lage des Systems kennzeichnen. Diese neuen verallgemeinerten Koordinaten wollen wir mit $q_1, q_2 \ldots q_{3n}$ bezeichnen. Sie mögen mit den rechtwinkligen Koordinaten $x_1, x_2 \ldots x_{3n}$ durch $3\,n$ Gleichungen der Form

$$x_j = h_j(q_1, q_2, \ldots, q_{3n}, t) \quad (j = 1, 2 \ldots 3\,n) \tag{1}$$

verknüpft sein. Die Größen q_k müssen so beschaffen sein, daß sie die rechtwinkligen Koordinaten x_k eindeutig festlegen. Wenn in den Gleichungen (1) die Zeit t explizit vorkommt, nennt man die Koordinaten q_k rheonom, sonst skleronom. Bei rheonomen Koordinaten vollführt das System selbst dann, wenn alle q_k konstant sind, noch eine Bewegung. Die q_k sind dann sozusagen Koordinaten in einem verallgemeinerten bewegten Koordinatensystem. Bei skleronomen Koordinaten bedeutet Konstanz aller q_j vollständige Ruhe des Systems.

Wenn man die Gleichungen (1) in die Formel für die potentielle Energie V einsetzt, entsteht daraus eine neue Funktion

$$\overline{V}(q_k, t) = V(x_j)\,, \tag{2}$$

welche von den q_k und eventuell von der Zeit abhängt. Die negative Ableitung von $\overline{V}$ nach q_k,

$$Q_k = -\frac{\partial \overline{V}}{\partial q_k}\,, \tag{3}$$

wollen wir als die zur Koordinate q_k gehörige verallgemeinerte Kraftkomponente bezeichnen. Man beachte aber, daß Q_k gar nicht mehr die Größenart einer Kraft hat, wenn q_k keine Länge ist. Die verallgemeinerten Kräfte, die zu Winkelkoordinaten gehören, haben z. B. die Größenart einer Energie bzw. eines Drehmomentes.

Es ist zweckmäßig, die Bewegungsgleichungen so umzuformen, daß auf der rechten Seite die Ableitung von $\overline{V}$ nach q_k auftritt. Aus (1) und (2) ergibt sich

$$\frac{\partial \overline{V}}{\partial q_k} = -Q_k = \sum_{j=1}^{3n} \frac{\partial V}{\partial x_j} \frac{\partial h_j}{\partial q_k}\,. \tag{4}$$

Genau so wie man die potentielle Energie umrechnet, kann man auch die Nebenbedingungen umrechnen. Aus $f_l(x_j) = C_l$

entsteht eine neue Nebenbedingung $\bar{f}_l(q_k) = C_l$. Für die Ableitung nach q_k gilt entsprechend

$$\frac{\partial \bar{f}_l}{\partial q_k} = \sum_{j=1}^{3n} \frac{\partial f_l}{\partial x_j} \cdot \frac{\partial h_j}{\partial q_k}. \tag{5}$$

Mit diesen Formeln (4) und (5) ergibt sich aus den Bewegungsgleichungen (§ 28; 14)

$$\sum_{j=1}^{3n} m_j \ddot{x}_j \frac{\partial h_j}{\partial q_k} = -\frac{\partial \bar{V}}{\partial q_k} + \sum_{l=1}^{r} \lambda_l \frac{\partial \bar{f}_l}{\partial q_k}. \tag{6}$$

Die direkte Umrechnung der linken Seiten dieser Gleichungen in die neuen Koordinaten ist recht mühsam. Der erste Schritt, die Berechnung von $\dot{x}_j$, würde lauten:

$$\frac{dx_j}{dt} = \dot{x}_j = \sum_{k=1}^{3n} \frac{\partial h_j}{\partial q_k} \dot{q}_k + \frac{\partial h_j}{\partial t}. \tag{7}$$

Man beachte: Bei den Ableitungen nach der Zeit, die durch einen Punkt oder durch gerades Differentiationszeichen $\frac{d}{dt}$ angedeutet sind, sollen die Koordinaten x_j und q_k als Funktionen der Zeit angesehen werden, im Gegensatz zu der partiellen Ableitung $\frac{\partial}{\partial t}$, bei der alle q_k als Konstanten behandelt werden. Statt die Gleichung (7) noch einmal nach t zu differenzieren und dann in (6) einzusetzen, drückt man zweckmäßig die gesamte kinetische Energie

$$T = \sum_{j=1}^{3n} \frac{m_j}{2} \dot{x}_j^2 \tag{8}$$

durch die neuen Variablen aus. Setzt man hierin die Ausdrücke (7) ein, so wird T eine Funktion von allen q_k und $\dot{q}_k$, welche in den zeitlichen Ableitungen $\dot{q}_k$ höchstens vom zweiten Grade ist:

$$T = \bar{\bar{T}}(q_k, \dot{q}_k, t). \tag{9}$$

Wir bilden nun den Differentialquotienten von $\bar{\bar{T}}$ nach $\dot{q}_k$. Alle q_j und alle $\dot{q}_j$ sowie t außer dem einen $\dot{q}_k$ sollen bei dieser

Differentiation als konstant betrachtet werden. Da nach (7) $\frac{\partial \dot{x}_j}{\partial \dot{q}_k} = \frac{\partial h_j}{\partial q_k}$ ist, ergibt sich

$$\frac{\partial \overline{T}}{\partial \dot{q}_k} = \sum_{j=1}^{3n} m_j \dot{x}_j \frac{\partial h_j}{\partial q_k}. \qquad (10)$$

Wenn $\frac{\partial h_j}{\partial q_k}$ zeitlich konstant wäre, würde die zeitliche Ableitung dieser Größe $\frac{\partial \overline{T}}{\partial \dot{q}_k}$ mit der linken Seite von (6) identisch sein. In Wirklichkeit hängt aber $\frac{\partial h_j}{\partial q_k}$ von den zeitlich veränderlichen Größen q_k ab und eventuell auch explizit von der Zeit. Daher erhält man

$$\frac{d}{dt}\left(\frac{\partial \overline{T}}{\partial \dot{q}_k}\right)$$

$$= \sum_{j=1}^{3n} m_j \ddot{x}_j \frac{\partial h_j}{\partial q_k} + \sum_{j=1}^{3n} m_j \dot{x}_j \left\{\sum_{l=1}^{3n} \frac{\partial^2 h_j}{\partial q_k \partial q_l} \dot{q}_l + \frac{\partial^2 h_j}{\partial q_k \partial t}\right\}. \qquad (11)$$

Der Ausdruck in der geschweiften Klammer ist aber gerade die Ableitung von $\dot{x}_j$ nach q_k, wenn man bei dieser Ableitung alle $\dot{q}_k$ und die anderen Koordinaten q_j außer q_k konstant hält. Der ganze zweite Term in (11) ist also die Ableitung $\frac{\partial \overline{T}}{\partial q_k}$. Als neue Form der Bewegungsgleichungen erhalten wir also beim Einsetzen von (11) in (6)

$$\frac{d}{dt}\left(\frac{\partial \overline{T}}{\partial \dot{q}_k}\right) - \frac{\partial \overline{T}}{\partial q_k} = -\frac{\partial \overline{V}}{\partial q_k} + \sum_{l=1}^{r} \lambda_l \frac{\partial \overline{f}_l}{\partial q_k}. \qquad (12)$$

Da $\overline{V}$ von den $\dot{q}_k$ nicht abhängt, kann man die Gleichungen kürzer schreiben durch Einführung der Lagrange-Funktion

$$L = L(q_k, \dot{q}_k, t) = \overline{T} - \overline{V}. \qquad (13)$$

Dann lautet (12):

$$\frac{d}{dt}\left(\frac{\partial L}{\partial \dot{q}_k}\right) - \frac{\partial L}{\partial q_k} = \sum_{l=1}^{r} \lambda_l \frac{\partial \overline{f}_l}{\partial q_k}. \qquad (14)$$

Diese Gleichungen nennt man die Lagrangeschen Gleichungen 2. Art.

Besonders einfach werden sie bei Einführung solcher Koordinaten, daß die Nebenbedingungen einfach die Konstanz von einigen Koordinaten besagen. Wenn alle r Nebenbedingungen die Form

$$f_l(x_j) = \bar{f}_l(q_k) = q_l = C_l \tag{15}$$

besitzen, kommen die Nebenbedingungen in den übrigen $f = (3\,n - r)$ Gleichungen für die anderen Koordinaten überhaupt nicht mehr vor. Bei einer Bewegungsgleichung (14), welche zu einer durch die Nebenbedingung (15) festgelegten Koordinate q_l gehört, kommt auf der rechten Seite jeweils nur der eine Lagrangesche Parameter λ_l vor. Das ist also eine Bestimmungsgleichung für diesen Parameter λ_l bzw. für die zugehörige Zwangskraft. Wenn man sich nur für den Bewegungsablauf interessiert, braucht man bei einer solchen Koordinatenwahl nur die $(3\,n - r) = f$ Gleichungen für die von Nebenbedingungen freien Koordinaten zu betrachten.

Als Beispiel wollen wir das mathematische Pendel behandeln, aber gegenüber § 20 die Verallgemeinerung einführen, daß sich der betrachtete Körper beliebig auf einer Kugelfläche, nicht nur in einer vertikalen Ebene bewegt. Man spricht dann vom sphärischen Pendel. Wir führen Polarkoordinaten r, ϑ, φ um den Aufhängepunkt ein. Die Polrichtung $\vartheta = 0$ sei die Richtung vertikal abwärts. Wenn sich r um Δr, ϑ um $\Delta\vartheta$ und φ um $\Delta\varphi$ ändert, verschiebt sich der betrachtete Massenpunkt bei sehr kleinem Δr, $\Delta\vartheta$, $\Delta\varphi$ um die Strecke

$$\Delta s = \sqrt{(\Delta r)^2 + r^2(\Delta\vartheta)^2 + r^2 \sin^2\vartheta(\Delta\varphi)^2}\,.$$

Also lautet die kinetische Energie

$$T = \frac{m}{2}\left(\frac{ds}{dt}\right)^2 = \frac{m}{2}(\dot{r}^2 + r^2\,\dot{\vartheta}^2 + r^2 \sin^2\vartheta\,\dot{\varphi}^2)\,. \tag{16}$$

Die potentielle Energie lautet

$$V = mgz = -\,mgr\cos\vartheta\,. \tag{17}$$

Die Nebenbedingung (§ 28; 3) lautet einfach

$$r = l\,. \tag{18}$$

Die Winkelkoordinaten ϑ und φ kommen in der Nebenbedingung nicht vor. Die Bewegungsgleichungen für diese freien Koordinaten lauten

$$\frac{d}{dt}\left(\frac{\partial L}{\partial \dot\vartheta}\right) - \frac{\partial L}{\partial \vartheta} = \frac{d}{dt}(ml^2\dot\vartheta) - ml^2 \sin\vartheta \cos\vartheta \dot\varphi^2 + mgl \sin\vartheta = 0\,, \tag{19}$$

$$\frac{d}{dt}\left(\frac{\partial L}{\partial \dot\varphi}\right) - \frac{\partial L}{\partial \dot\varphi} = \frac{d}{dt}(ml^2 \sin^2\vartheta\,\dot\varphi) = 0\,. \tag{20}$$

Aus der letzten Gleichung ergibt sich

$$\sin^2\vartheta\,\dot\varphi = \text{konstant} = C\,. \tag{21}$$

Diese Gleichung besagt, daß die Vertikalkomponente des Drehimpulses in bezug auf den Aufhängepunkt konstant ist. Eliminiert man $\dot\varphi$ aus (19) mittels (21), so erhält man

$$\frac{d^2\vartheta}{dt^2} - C^2 \frac{\cos\vartheta}{\sin^3\vartheta} + \frac{g}{l}\sin\vartheta = 0\,. \tag{22}$$

Nach Multiplikation mit $\dot\vartheta$ folgt daraus

$$\frac{d}{dt}\left(\frac{1}{2}\dot\vartheta^2\right) + \frac{d}{dt}\left(\frac{C^2}{2\sin^2\vartheta}\right) - \frac{d}{dt}\left(\frac{g}{l}\cos\vartheta\right) = 0 \tag{23}$$

oder

$$\frac{1}{2}\dot\vartheta^2 + \frac{C^2}{2\sin^2\vartheta} - \frac{g}{l}\cos\vartheta = \text{konstant} = E\,. \tag{24}$$

Das ist, bis auf einen konstanten Faktor, der Energiesatz. Auflösung nach $\dot\vartheta$ ergibt

$$\dot\vartheta = \sqrt{G(\vartheta)} = \sqrt{2E + \frac{2g}{l}\cos\vartheta - \frac{C^2}{\sin^2\vartheta}}\,. \tag{25}$$

Solange $C \neq 0$ ist, hat $G(\vartheta)$ bei allen physikalisch realisierbaren Bewegungen zwei Nullstellen ϑ_1 und ϑ_2 bzw. eine doppelte Nullstelle im Bereich $0 < \vartheta < \pi$. Zwischen diesen Nullstellen ist $G(\vartheta)$ positiv, $\dot\vartheta$ also reell. Bei der Bewegung läuft ϑ zwischen den Werten ϑ_1 und ϑ_2 periodisch hin und her. Der zeitliche Ablauf dieser Bewegung mit der Anfangsbedingung $\vartheta = \vartheta_0$ für $t = 0$ ergibt sich aus dem Integral

$$t = \int_{\vartheta_0}^{\vartheta} \frac{d\vartheta}{\sqrt{(G\vartheta)}}\,, \tag{25}$$

welches nicht mehr geschlossen auswertbar ist. Ist daraus ϑ als Funktion von t ermittelt worden, so liefert (21) $\dot{\varphi}$ und nach nochmaliger Integration auch φ als Funktion von t. Die dritte Lagrangesche Gleichung

$$\frac{d}{dt}\left(\frac{\partial L}{\partial \dot{r}}\right) - \frac{\partial L}{\partial r} = m\ddot{r} - mr\,(\dot{\vartheta}^2 + \sin^2\vartheta\,\dot{\varphi}^2) - mg\cos\vartheta = \lambda \tag{27}$$

ist die Bestimmungsgleichung für den Parameter λ, welcher in diesem Fall die Radialkraft der Aufhängung bedeutet.

§ 30. Zyklische Koordinaten

Wenn in der Lagrangefunktion und in den Nebenbedingungen eine Koordinate q_k nicht vorkommt, sondern nur ihre zeitliche Ableitung, so nennt man diese Koordinate zyklisch. Für diese Koordinate ergibt sich aus (§ 29; 14)

$$\frac{d}{dt}\left(\frac{\partial L}{\partial \dot{q}_k}\right) = 0 \tag{1}$$

oder

$$\frac{\partial L}{\partial \dot{q}_k} = p_k = \text{konstant}\,. \tag{2}$$

Die partielle Ableitung der Lagrangefunktion nach der zeitlichen Ableitung einer Koordinate ist in rechtwinkligen Koordinaten gleich der zugehörigen Komponente des Impulses. Entsprechend bezeichnet man die Größe $\frac{\partial L}{\partial \dot{q}_k}$ bei verallgemeinerten Koordinaten als den zu q_k gehörigen verallgemeinerten Impuls. Wir erhalten also: Der Impuls zu einer zyklischen Koordinate ist konstant.

Die im vorigen Paragraphen betrachtete Bewegung des sphärischen Pendels liefert dafür ein Beispiel. Bei ihr ist φ zyklisch. Der zugehörige verallgemeinerte Impuls $p_\varphi = mr^2\sin^2\vartheta\,\dot{\varphi}$ bedeutet die Vertikalkomponente des Drehimpulses. Als zweites Beispiel betrachten wir den schweren symmetrischen Kreisel (vgl. § 27). Als Koordinaten benutzen wir die Polarkoordinatenwinkel ϑ, φ der Figurenachse, deren Richtung in § 27 durch den Einheitsvektor $\boldsymbol{k}$

gegeben wurde. Die Richtung $\vartheta = 0$ ist die Vertikale, welche gleich der Richtung des Einheitsvektors $\mathfrak{z}$ ist (vgl. Abb. 23). Ferner benötigt man als weitere Koordinate einen Winkel ψ, dessen Ableitung die Winkelgeschwindigkeit der Drehbewegung um die Figurenachse angibt. Die horizontale Gerade senkrecht zur Figurenachse durch den Unterstützungspunkt bezeichnet man als die Knotenlinie. Sie hat die Richtung des Vektors $\mathfrak{z} \times \mathfrak{k}$. ψ ist dann der Winkel zwischen der Knotenlinie und einer körperfesten Richtung in der Ebene senkrecht zur Figurenachse durch den Unterstützungspunkt. ϑ, φ und ψ nennt man auch die Eulerschen Winkel. Wenn nur ψ veränderlich ist, hat der Drehvektor $\boldsymbol{\omega}$ die Richtung der Figurenachse und den Betrag $\dot{\psi}$. Wenn nur ϑ veränderlich ist, hat der Drehvektor die Richtung der Knotenlinie und den Betrag $\dot{\vartheta}$. Wenn nur φ veränderlich ist, ist der Drehvektor vertikal gerichtet und hat den Betrag $\dot{\varphi}$. In diesem letzten Fall ist die Komponente von $\boldsymbol{\omega}$ parallel zur Figurenachse gleich $\dot{\varphi} \cos \vartheta$; die Komponente senkrecht zur Figurenachse, welche gleichzeitig senkrecht zur Knotenlinie gerichtet ist, beträgt dann $\dot{\varphi} \sin \vartheta$.

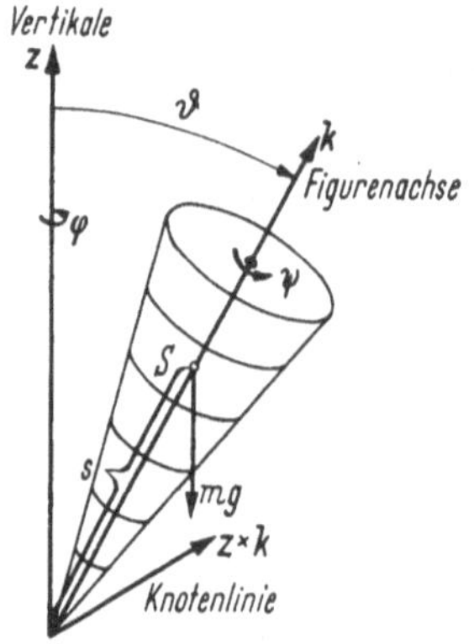

Abb. 23: Die Eulerschen Winkel beim Kreisel

Bei einer beliebigen Bewegung ist der Drehvektor gleich der Vektorsumme dieser drei speziellen Drehvektoren. Dann beträgt seine Komponente $\boldsymbol{\omega}_{\parallel}$ parallel zur Figurenachse

$$\boldsymbol{\omega}_{\parallel} = \dot{\psi} + \dot{\varphi} \cos \vartheta \,. \tag{3}$$

Die Komponente $\boldsymbol{\omega}_{\perp}$ senkrecht zur Figurenachse setzt sich aus der Komponente $\dot{\vartheta}$ parallel zur Knotenlinie und der Komponente $\dot{\varphi} \sin \vartheta$ senkrecht dazu zusammen. Ihr Quadrat beträgt daher

$$\boldsymbol{\omega}_{\perp}^2 = \dot{\vartheta}^2 + \dot{\varphi}^2 \sin^2 \vartheta \,. \tag{4}$$

Aus (§ 26; 8) ergibt sich demnach für die kinetische Energie der Ausdruck

$$T = \frac{C}{2}\omega_{\parallel}^2 + \frac{A}{2}\omega_{\perp}^2 = \frac{C}{2}(\dot{\psi} + \dot{\varphi}\cos\vartheta)^2 + \frac{A}{2}(\dot{\vartheta}^2 + \dot{\varphi}^2\sin^2\vartheta). \tag{5}$$

Die potentielle Energie der Schwerkraft beträgt

$$V = mgs\cos\vartheta . \tag{6}$$

Die beiden Winkel ψ und φ sind demnach zyklisch. Für die zugehörigen konstanten Impulse erhält man

$$p_\psi = \frac{\partial T}{\partial \dot{\psi}} = C(\dot{\psi} + \dot{\varphi}\cos\vartheta) = Cr \text{ konstant} \tag{7}$$

und

$$p_\varphi = \frac{\partial T}{\partial \dot{\varphi}} = Cr\cos\vartheta + A\dot{\varphi}\sin^2\vartheta = \text{konstant}. \tag{8}$$

Die erste dieser Gleichungen stimmt mit (§ 27; 4) überein. p_φ ist die Komponente des Drehimpulses in der Vertikalrichtung, deren Konstanz auch aus (§ 27; 3) folgt. Außer diesen beiden Erhaltungssätzen gilt bei reibungsfreier Bewegung und ruhendem Unterstützungspunkt außerdem der Energiesatz

$$T + V = E = \text{konst.} \tag{9}$$

Aus diesen drei ersten Integralen der Bewegungsgleichungen ergeben sich die Werte von $\dot{\vartheta}$, $\dot{\varphi}$ und $\dot{\psi}$ in Abhängigkeit von den Winkelkoordinanten ϑ, φ, ψ. Eliminiert man mittels (7) und (8) $\dot{\varphi}$ und $\dot{\psi}$ aus dem Energiesatz (9), so erhält man

$$\frac{A}{2}\dot{\vartheta}^2 + \frac{(p_\varphi - p_\psi\cos\vartheta)^2}{2A\sin^2\vartheta} + \frac{p_\psi^2}{2C} + mgs\cos\vartheta = E . \tag{10}$$

Aus dieser Gleichung lassen sich durch numerische Integration die Schwankungen von ϑ in Abhängigkeit von der Zeit bestimmen. Aus (8) folgt dann durch nochmalige Integration der Verlauf von φ und schließlich aus (7) derjenige von ψ als Funktion von t. Formal ist diese analytische Behandlung der Bewegung ohne Zweifel sehr einfach. Für qualitative Diskussionen sind jedoch die anschaulichen Betrachtungen des § 27 besser geeignet.

Das Vorkommen einer zyklischen Koordinate bedeutet stets das Vorhandensein einer Symmetrie. Für den Zusammenhang zwischen Symmetrie und Erhaltungssätzen bilden die folgenden beiden Sätze besonders wichtige Beispiele: Wenn die Lagrange-Funktion eines Körpers gegen eine Translation invariant ist, bleibt der Impuls bei der Bewegung konstant. Ist die Lagrange-Funktion invari nt gegen eine Drehung um eine Achse, so bleibt die Komponente des Drehimpulses in Achsenrichtung konstant.

Unter einer Translation versteht man eine Lageänderung, bei welcher sich die Ortsvektoren aller Teile des betrachteten Körpers um den gleichen Vektor ändern. Alle Geschwindigkeitsvektoren bleiben dabei konstant. Eine Drehung um eine Achse beschreibt man am einfachsten in Polarkoordinaten r, ϑ, φ ,wobei r der Abstand von einem Punkt der Achse ist und ϑ der Winkel zwischen dem Ortsvektor und der Achsenrichtung. Bei der Drehung wird zu allen Azimutalwinkeln φ derselbe Summand addiert.

Zum Beweis des ersten der beiden, obengenannten Sätze für ein System von N Massenpunkten (Koordinaten x_i, y_i, z_i; $i = 1$ bis N) führt man zweckmäßig als neue Koordinaten die kartesischen Koordinaten des 1. Massenpunktes und die Differenzen zwischen denen der anderen Massenpunkte und dem ersten ein, also

$$q_{x1} = x_1,\ q_{y1} = y_1,\ q_{z1} = z_1$$

und (11)

$$q_{xi} = x_i - x_1,\ q_{yi} = y_i - y_1,\ q_{zi} = z_i - z_1 \quad \text{für } i = 2, \ldots N.$$

Bei einer Translation ändern sich dann nur die ersten 3 Koordinaten q_{x1}, q_{y1}, q_{z1}, die anderen nicht. Wenn L gegen eine Translation invariant ist, hängt diese Funktion nach Umrechnung auf die neuen Koordinaten von q_{x1}, q_{y1} und q_{z1} nicht mehr ab. Diese sind dann also zyklisch. Daraus folgt

$$\frac{\partial L}{\partial \dot{q}_{x1}} = \text{konst.};\quad \frac{\partial L}{\partial \dot{q}_{y1}} = \text{konst.};\quad \frac{\partial L}{\partial \dot{q}_{z1}} = \text{konst.} \qquad (12)$$

Da die $\dot{q}_{kj}$ nur in der kinetischen Energie vorkommen, lassen sich diese Gleichungen leicht auswerten:

$$\begin{aligned} T = \sum_{j=1}^{N} \frac{m_j}{2} (\dot{x}_j^2 + \dot{y}_j^2 + \dot{z}_j^2) = \frac{m_1}{2} (\dot{q}_{x1}^2 + \dot{q}_{y1}^2 + \dot{q}_{z1}^2) \\ + \sum_{j=2}^{N} \frac{m_j}{2} \{(\dot{q}_{xj} + \dot{q}_{x1})^2 + (\dot{q}_{yj} + \dot{q}_{y1})^2 + (\dot{q}_{zj} + \dot{q}_{z1})^2\}. \end{aligned} \tag{13}$$

Daraus folgt für die Ableitung von L nach $\dot{q}_{x1}$ bei festgehaltenen Werten der anderen $\dot{q}_{kj}$

$$\frac{\partial L}{\partial \dot{q}_{x1}} = \frac{\partial T}{\partial \dot{q}_{x1}} m_1 \dot{q}_{x1} + \sum_{j=2}^{N} m_j (\dot{q}_{xj} + \dot{q}_{x1}) = \sum_{j=1}^{N} m_j \dot{x}_j. \tag{14}$$

Das ist offensichtlich die x-Komponente des Gesamtimpulses. Die 3 Gleichungen (12) zusammen besagen demnach, daß der Vektor des gesamten Impulses konstant ist.

Der Beweis des zweiten Teiles der obigen Aussage verläuft genauso Man führt zunächst Polarkoordinaten ein und dann neben dem Azimutalwinkel des 1. Massenpunktes φ_1 die Differenzen $(\varphi_i - \varphi_1)$ der übrigen Azimutalwinkel gegen den ersten. Bei Invarianz von L gegen Drehungen um die Polarachse $\vartheta = 0$ muß dann φ_1 herausfallen, also zu einer zyklischen Koordinate werden. Die Ableitung der kinetischen Energie eines Massenpunktes nach $\dot{\varphi}$ ist nach (§ 29; 16)

$$\frac{\partial T}{\partial \dot{\varphi}} = m r^2 \sin^2 \vartheta \, \dot{\varphi}, \tag{15}$$

und das ist, wie bereits in § 29 erörtert wurde, gleich der Komponente des Drehimpulses in Richtung der Achse $\vartheta = 0$. Mit Benutzung dieser Formel ergibt sich dann leicht, daß die Summe dieser Drehimpuls-Komponenten bei Invarianz von L gegen eine Drehung um die Achse $\vartheta = 0$ konstant ist.

Die Ableitung dieser allgemeinen Erhaltungssätze aus der Invarianz gegen räumliche Verschiebungen und Drehungen ist deshalb wichtig, weil sich diese Überlegungen auf kompliziertere Systeme übertragen lassen. Auch für elektromagnetische Wellen, Materiewellen und in der Quantenmechanik kann man die entsprechenden allgemeinen Erhaltungssätze nach demselben Schema beweisen.

§ 31. Die kanonischen Gleichungen

Bei den folgenden Betrachtungen wollen wir voraussetzen, daß die Nebenbedingungen durch geeignete Wahl der Koordinaten in der in § 29 geschilderten Weise eliminiert worden sind. Wir betrachten fortan nur noch die verbleibenden f freien Koordinaten q_k. In vielen Fällen, insbesondere beim Vorliegen von zyklischen Koordinaten ist es zweckmäßig, statt der zeitlichen Ableitungen $\dot{q}_k$ der Koordinaten die verallgemeinerten Impulse

$$p_k = \frac{\partial L(q_k, \dot{q}_k, t)}{\partial \dot{q}_k} \tag{1}$$

einzuführen. Wenn man aber einfach diese Beziehungen nach dem $\dot{q}_k$ auflöst und die erhaltenen Funktionen der p_k und q_k in die Lagrangefunktion einsetzt, ist die dabei entstehende neue Funktion $\overline{L}(p_k, q_k, t)$ nicht mehr zur Aufstellung der Bewegungsgleichungen geeignet. Denn in diesen kommen ja außer den p_k noch die Ableitungen $\frac{\partial L}{\partial q_k}$ vor. Bei der Ausführung dieser Differentiation müssen die $\dot{q}_k$ und nicht die p_k als konstant betrachtet werden. $\frac{\partial L}{\partial q_k}$ ist daher nicht identisch mit der Ableitung $\frac{\partial \overline{L}}{\partial q_k}$ der neuen Funktion bei festgehaltenem p_k.

Diese Schwierigkeit vermeidet man durch eine sogenannte Legendre-Transformationen, bei der man zugleich mit dem Übergang von den $\dot{q}_k$ zu den p_k als unabhängigen Variablen auch die abhängige Funktion L ersetzt durch die Funktion

$$H = \sum_{j=1}^{f} p_j \dot{q}_j - L(q_k, \dot{q}_k, t)\,. \tag{2}$$

Wenn man in dieser Gleichung die $\dot{q}_k$ mittels der Gleichung (1) eliminiert, erhält man eine Funktion $H(p_k, q_k, t)$, welche man als die Hamiltonfunktion bezeichnet. Die Ableitungen dieser Funktion ergeben wieder die Bewegungsgleichungen. Wenn man, um das nachzuprüfen, die Ableitung von $H(p_k, q_k, t)$ nach einer Koordinate q_k bildet, ist zu beachten, daß in (2) die $\dot{q}_j$ Funktionen der p_k und q_k bedeuten, die implizit durch (1) gegeben sind. Daher folgt

$$\frac{\partial H}{\partial q_k} = -\frac{\partial L}{\partial q_k} + \sum_{j=1}^{f} \left(p_j - \frac{\partial L}{\partial \dot{q}_j}\right) \frac{\partial \dot{q}_j}{\partial q_k}. \tag{3}$$

Auf Grund der Definitionsgleichung (1) für die Impulse verschwindet hierin die ganze Summe über j. Da also bis aufs Vorzeichen $\frac{\partial H}{\partial q_k}$ mit $\frac{\partial L}{\partial q_k}$ übereinstimmt, lautet die Bewegungsgleichung (§ 29; 14) für alle in den Nebenbedingungen nicht vorkommenden Koordinaten bei Beachtung von (1)

$$\frac{dp_k}{dt} = -\frac{\partial H}{\partial q_k}. \tag{4}$$

Durch Differentiation von (2) nach einem p_k bei konstanten übrigen p_j und allen q_k folgt ebenso

$$\frac{\partial H}{\partial p_k} = \dot{q}_k + \sum_{j=1}^{f} \left(p_j - \frac{\partial L}{\partial \dot{q}_j}\right) \frac{\partial \dot{q}_j}{\partial p_k}. \tag{5}$$

Darin fällt wieder die zweite Summe fort. Diese Gleichung liefert den Zusammenhang zwischen den $\dot{q}_k$ und den Impulsen p_k, der implizit durch (1) gegeben ist und bei der Berechnung der Hamiltonfunktion aus der Lagrangefunktion benutzt wurde. Wenn also von dem betrachteten mechanischen System nur die Hamiltonfunktion bekannt ist, liefern die Gleichungen (5) die Bedeutung der Impulse p_k und gestatten durch Auflösung nach den p_k und Einsetzen in die Hamiltonfunktion mittels (2) die Wiederberechnung von L aus H, also die Umkehr der Berechnung, die zur Hamiltonfunktion führte. Alles, was man aus der Kenntnis von $L(q_k, \dot{q}_k, t)$ schließen kann, folgt also auch aus $H(p_k, q_k, t)$.

Das symmetrische System von Gleichungen

$$\dot{p}_k = -\frac{\partial H}{\partial q_k}, \quad \dot{q}_k = \frac{\partial H}{\partial p_k} \tag{10}$$

nennt man die kanonischen Gleichungen. Bei einem System mit f freien Koordinaten sind es $2f$ Differentialgleichungen erster Ordnung für die $2f$ Zeitfunktionen q_k und p_k. Dies

Gleichungssystem ist gleichwertig den f Lagrangeschen Gleichungen 2. Ordnung für die f freien Koordinaten q_k als Funktion von t.

Wenn die Umrechnungsformeln von den rechtwinkligen Koordinaten x_j zu den verallgemeinerten Koordinaten q_k die Zeit nicht explizit enthalten, kommt auch in H die Zeit nicht explizit vor. Dann ist die Hamiltonfunktion gleich der Gesamtenergie:

$$H = T + V \tag{11}$$

Das folgt daraus, daß bei skleronomen Koordinaten jede Geschwindigkeitskomponente $\dot{x}_j$ wegen (§ 29; 7) eine homogen lineare Funktion der $\dot{q}_k$ ist, d. h. jeder Summand ist proportional einem der $\dot{q}_k$, denn $\frac{\partial h_j}{\partial t} = 0$. Die kinetische Energie $T = \sum_{j=1}^{3n} \frac{m_j}{2} \dot{x}_j^2$ ist daher homogen quadratisch in den $\dot{q}_k$, hat also die Form

$$T = \sum_{j,k=1}^{f} a_{jk} \dot{q}_j \dot{q}_k \, . \tag{12}$$

Die Koeffizienten a_{jk} sind darin Funktionen der q_k. Da die potentielle Energie von den $\dot{q}_k$ unabhängig ist, gilt

$$p_l = \frac{\partial L}{\partial \dot{q}_l} = \frac{\partial T}{\partial \dot{q}_l} = \sum_{j=1}^{f} a_{jl} \dot{q}_j + \sum_{k=1}^{f} a_{lk} \dot{q}_k \, . \tag{13}$$

Daraus ergibt sich

$$\sum_{l=1}^{f} p_l \dot{q}_l = \sum_{j,l=1}^{f} a_{jl} \dot{q}_j \dot{q}_l + \sum_{k,l=1}^{f} a_{lk} \dot{q}_k \dot{q}_l = 2\,T \, . \tag{14}$$

Aus (2) und (§ 29; 13) folgt daher

$$H = 2\,T - L = T + V \, . \tag{15}$$

Wenn H die Zeit nicht explizit enthält, folgt die Konstanz der Gesamtenergie unmittelbar aus den kanonischen Gleichungen:

$$\frac{dH}{dt} = \sum_k \left(\frac{\partial H}{\partial p_k} \dot{p}_k + \frac{\partial H}{\partial q_k} \dot{q}_k \right) = 0 \, . \tag{16}$$

Kommt in H die Zeit explizit vor, so gilt statt dessen

$$\frac{dH}{dt} = \frac{\partial H}{\partial t}. \tag{17}$$

Dann ist also die Hamiltonfunktion nicht konstant.

§ 32. Die Hamiltonfunktion für das Elektron im Magnetfeld

Die kanonischen Gleichungen werden in der Atomtheorie häufig zur Berechnung der Elektronenbahnen im Feld der Atomkerne benutzt. Sobald man bei diesen Rechnungen die Wirkung des Magnetfeldes berücksichtigen muß, macht sich die Schwierigkeit bemerkbar, daß die Kraft im Magnetfeld von der Geschwindigkeit abhängig ist und daher keine potentielle Energie besitzt. Der bisher geschilderte Weg zur Aufstellung der Hamiltonfunktion ist daher nicht gangbar.

Trotzdem kann man aber die Bewegungsgleichungen auch bei Anwesenheit eines Magnetfeldes in kanonische Form bringen. Die dafür nötige Hamiltonfunktion soll hier angegeben und als richtig bewiesen werden. In einem elektrischen Feld der Feldstärke $\boldsymbol{E}$ und einem Magnetfeld mit der Induktion $\boldsymbol{B}$ lautet die Bewegungsgleichung für ein Elektron der Ladung e und der Masse m (im internationalen Begriffssystem)

$$\boldsymbol{F} = e\left\{\boldsymbol{E} + \boldsymbol{v} \times \boldsymbol{B}\right\} = m\ddot{\boldsymbol{r}}. \tag{1}$$

In der Elektrodynamik wird gezeigt, daß die Komponenten von $\boldsymbol{E}$ und $\boldsymbol{B}$ als Ableitungen der Komponenten eines Vektorpotentials $\boldsymbol{A}$ und eines skalaren Potentials φ geschrieben werden können, und zwar in folgender Form:

$$\boldsymbol{B} = \operatorname{rot}\boldsymbol{A}; \; \boldsymbol{E} = -\operatorname{grad}\varphi - \frac{\partial \boldsymbol{A}}{\partial t}. \tag{2}$$

In Koordinaten ausgeschrieben lauten diese Gleichungen

$$B_x = \frac{\partial A_z}{\partial y} - \frac{\partial A_y}{\partial z}; \; B_y = \frac{\partial A_x}{\partial z} - \frac{\partial A_z}{\partial x}; \; B_z = \frac{\partial A_y}{\partial x} - \frac{\partial A_x}{\partial y}; \tag{3a}$$

$$E_x = -\frac{\partial \varphi}{\partial x} - \frac{\partial A_x}{\partial t}; \; E_y = -\frac{\partial \varphi}{\partial y} - \frac{\partial A_y}{\partial t};$$

$$E_z = -\frac{\partial \varphi}{\partial z} - \frac{\partial A_z}{\partial t}. \tag{3b}$$

Die Hamiltonfunktion lautet für diesen Fall

$$H = \frac{1}{2m}(\boldsymbol{p}-e\boldsymbol{A})^2 + e\varphi$$

$$= \frac{1}{2m}\left\{(p_x-eA_x)^2+(p_y-eA_y)^2+(p_z-eA_z)^2\right\}+e\varphi\,. \quad (4)$$

Zum Beweis schreiben wir die 6 kanonischen Gleichungen in rechtwinkligen Koordinaten aus. Das erste Tripel lautet

$$\frac{\partial H}{\partial p_x} = \dot{x} = \frac{p_x - eA_x}{m};\quad \frac{\partial H}{\partial p_y} = \dot{y} = \frac{p_y - eA_y}{m};$$

$$\frac{\partial H}{\partial p_z} = \dot{z} = \frac{p_z - eA_z}{m}\,.$$

Diese Gleichungen besagen, daß der Impuls $\boldsymbol{p}$ nicht mehr gleich $m\boldsymbol{v}$ ist, sondern

$$\boldsymbol{p} = m\boldsymbol{v} + e\boldsymbol{A}\,. \quad (5)$$

Die erste Gleichung des zweiten Tripels der kanonischen Gleichungen lautet

$$\frac{\partial H}{\partial x} = -\dot{p}_x = -\frac{e}{m}\left\{(p_x-eA_x)\frac{\partial A_x}{\partial x}+(p_y-eA_y)\frac{\partial A_y}{\partial x}\right.$$

$$\left.+(p_z-eA_z)\frac{\partial A_z}{\partial x}\right\}+e\frac{\partial\varphi}{\partial x}\,. \quad (6)$$

Durch Elimination von $\boldsymbol{p}$ mittels (5) folgt daraus

$$\frac{d}{dt}(m\dot{x}+eA_x) = e\left\{\dot{x}\frac{\partial A_x}{\partial x}+\dot{y}\frac{\partial A_y}{\partial x}+\dot{z}\frac{\partial A_z}{\partial x}\right\}-e\frac{\partial\varphi}{\partial x}\,.$$

Beachtet man $\frac{dA_x}{dt} = \frac{\partial A_x}{\partial x}\dot{x}+\frac{\partial A_x}{\partial y}\dot{y}+\frac{\partial A_x}{\partial z}\dot{z}+\frac{\partial A_x}{\partial t}$,

so ergibt sich weiter

$$m\ddot{x} = e\left\{\dot{y}\left(\frac{\partial A_y}{\partial x}-\frac{\partial A_x}{\partial y}\right)-\dot{z}\left(\frac{\partial A_x}{\partial z}-\frac{\partial A_z}{\partial x}\right)\right\}-e\left\{\frac{\partial\varphi}{\partial x}+\frac{\partial A_x}{\partial t}\right\}$$

$$= e\left\{\dot{y}B_z-\dot{z}B_y\right\}+eE_x\,. \quad (7)$$

Das ist gerade die x-Komponente der Bewegungsgleichung (1). Die anderen Komponenten erhält man ebenso.

Wenn die Felder zeitlich konstant sind, hängen $\boldsymbol{A}$ und φ nicht explizit von der Zeit ab. Dann ist $e\varphi$ die potentielle

Energie des elektrischen Feldes. Wegen (5) ist dann die Hamiltonfunktion immer noch gleich der Gesamtenergie

$$H = \frac{m}{2} v^2 + e\varphi, \tag{8}$$

welche in diesem Falle bei der Bewegung konstant bleibt. Die kanonische Form der Bewegungsgleichung im Magnetfeld wird dadurch erreicht, daß der Impuls, trotz Verwendung rechtwinkliger Koordinaten, die veränderte Bedeutung (5) annimmt.

Auch die relativistische Bewegungsgleichung kann man in kanonischer Form schreiben. Die Hamiltonfunktion lautet für diesen Fall

$$H = e\varphi + c\sqrt{(\boldsymbol{p} - e\boldsymbol{A})^2 + m^2c^2}. \tag{9}$$

(c = Lichtgeschwindigkeit). Der Impuls hat dann die Bedeutung

$$\boldsymbol{p} = \frac{m\boldsymbol{v}}{\sqrt{1 - v^2/c^2}} + e\boldsymbol{A}. \tag{10}$$

Die Bewegungsgleichung lautet

$$\frac{d}{dt}\left(\frac{m\boldsymbol{v}}{\sqrt{1 - v^2/c^2}}\right) = e\left\{\boldsymbol{E} + \boldsymbol{v} \times \boldsymbol{B}\right\}. \tag{11}$$

Das läßt sich durch eine längere Rechnung ohne Schwierigkeit bestätigen.

Namen- und Sachregister

Max Planck

Vorlesungen über Thermodynamik

11. Aufl., erw. um eine Biographie Max Plancks
und ein Kapitel über einige Grundbegriffe
aus der Thermodynamik irreversibler Prozesse
von M. Päsler

Groß-Oktav. Mit 5 Fig. XXXVI, 343 S. 1964.
Lw. DM 30,—
ISBN 3 11 000682 0

Max Päsler

Prinzipe der Mechanik

Oktav. XII, 147 S. Mit 1 Bildn. von Cl. Schäfer.
1968. Pl. fl. DM 28,—
ISBN 3 11 000845 9

G. L. Squires

Meßergebnisse und ihre Auswertung

Eine Anleitung zum praktischen
naturwissenschaftlichen Arbeiten

Mit 77 Abb. u. zahlr. Formeln u. Tab.
Groß-Oktav. 240 S. 1971. Pl. fl. DM 29,—
ISBN 3 11 003632 0
(de Gruyter Lehrbuch)

FSC
www.fsc.org
MIX
Papier | Fördert gute Waldnutzung
FSC® C083411

Zeitfracht Medien GmbH
Ferdinand-Jühlke-Straße 7
99095 Erfurt, Deutschland
produktsicherheit@kolibri360.de